SICKER, FATTER, POORER

THE URGENT THREAT OF HORMONE-DISRUPTING CHEMICALS TO OUR HEALTH AND FUTURE...AND WHAT WE CAN DO ABOUT IT

LEONARDO TRASANDE, M.D., M.P.P.

病み、肥え、貧す

有害化学物質があなたの体と未来をむしばむ

レオナルド・トラサンデ

[監修] 中山祥嗣 国立環境研究所

[訳] 斉藤隆央

光文社

病み、肥え、貧す

――有害化学物質があなたの体と未来をむしばむ

目次

第2部　化学物質はどのように害を及ぼすのか

第3部　行動を起こす

本書に出てくる略語

■化学物質

- **BPA** ビスフェノールA。缶の内面塗装や感熱紙レシートに使われる。**BPP**、**BPF**、**BPS**、**BPZ**、**BPAP**などの代替物もある。
- **DDT** かつてよく殺虫剤として使われた物質。ジクロロジフェニルトリクロロエタン。
- **DEHP** 食品包装によく使われる物質。フタル酸ジエチルヘキシル。フタル酸エステルの一種。
- **DES** 合成エストロゲンとして妊娠合併症や流産を防ぐ薬として使われた物質。ジエチルスチルベストロール。
- **DINP** フタル酸ジイソノニル。
- **EDC** 内分泌攪乱物質。
- **GenX** PFOAの代替品だが、胎児の成長などに影響を与えるとされる。
- **PBDE** 家具などの難燃剤に使われる物質。ポリ臭化ジフェニルエーテル。
- **PCB** ポリ塩化ビフェニル。変圧器などに使われたが、2001年以降は世界的に使用が禁止されている。
- **PFAS** パーフルオロアルキル化合物。物に汚れがこびりつかない特性を与える。
- **PFOA** パーフルオロオクタン酸。PFASの一種でテフロンに使われる。
- **POP** 残留性有機汚染物質。
- **PVC** ポリ塩化ビニル。プラスチックの一種。
- **TBT** トリブチルスズ。船体に使われた殺生物剤。

■病気・障害

- **ADHD** 注意欠陥・多動性障害。
- **TDS** 精巣形成不全症候群。
- **PCOS** 多囊胞性卵巣症候群。

■政府機関など

- **CDC** 疾病対策センター（米国）。
- **EPA** 環境保護局（米国）。
- **FAO** 国連食糧農業機関。
- **FDA** 食品医薬品局（米国）。
- **NIH** 国立衛生研究所（米国）。
- **USDA** 農務省（米国）。

■その他

- **AGD** 肛門性器間距離。
- **BMI** 体格指数。体重と身長から算出され、ヒトの肥満度を表す。
- **GDP** 国内総生産。
- **GLP** 優良試験所基準。
- **GMO** 遺伝子組み換え作物。
- **HRT** ホルモン補充療法。
- **PPAR** ペルオキシソーム増殖因子活性化受容体。

レイチェル・カーソンとシーア・コルボーンとルイス・ジレットをしのんで。あなたがたの遺産に触発されて、私たちは内分泌攪乱物質から人々の健康と環境を守る仕事を引き継いでいる。

そして、私が日々その未来について考えているふたりの息子、カミーロとラミーロに本書を捧げたい。

はじめに――沈黙の春は終わらない

何千もの化学物質が、人の脳や体や環境に、日々悪影響を及ぼしている。目には見えない物質が、私たちの体のきわめて重要なホルモンの機構を攪乱《かくらん》するばかりか、数十年後にわが子やその子どもを冒す病気につながるたくさんの道を敷いているのだ。このような考えは、挑発的で不安をあおるのでなかなか受け入れられない。そうした化学物質が大量に作られてはばらまかれており、規制は最小限しかなく、人々に何世代もひどい打撃を与えつづけると聞けば、もうお手上げだと思いたくなるかもしれない。

信じがたいことだが、この忌まわしいシナリオはすっかり現実のものなのだ。

あなたもきっと、注意欠陥・多動性障害（ＡＤＨＤ）をもつ人や、自閉症と診断された子や孫をもつ人を知っているにちがいない。ここ二、三〇年で、米国社会に肥満や糖尿病が急増しているのが気になっていた人もいるのではないか。研究を重ねるうちに、この増加が、私たちの食料や環境、日用品に含まれる化学物質と直接関係している可能性が明らかになった。不妊の問題を抱える男女が、徐々にだが着実に増えていることについては、まだあなたは知らないかもしれない。二〇代の若い男性で精子の数の減少が報告されていることは聞き及んでいないかもしれない。子どもが低いＩＱをもって生まれてくると、社会に長期的な経済コストがかかるとは気づいていないかもしれない。こうしたことも、内分泌攪乱がもたらす恐るべき現実の一部なのである。

合成化学物質の普及が、メリットだけでなく、危害をもたらしうることをいち早く人々に訴えたのが、一九六二年のレイチェル・カーソンによる『沈黙の春』（青樹簗一訳、新潮社）だ。科学者たちは第一次世界大戦以来、人工・合成化学物質の有害な影響を疑い、調査していたが、世間は、田畑や人々の生活環境に撒《ま》かれたＤＤＴなどの化学物質の危険性に気づきはじめたばかりだった。それから半世紀経っているが、カーソンが農薬の害について深く掘り下げた考察は、今も重要なだけでなく、彼女が五〇年以上前に提起した問題が今なおきちんと解決されていないことを強く思い起こさせる。それどころか、いまや私たちの環境と健康や命は、かつてよりも危険にさらされているのだ。

私の経歴と目標

多くの人のように私も、化学物質が私たちの世界や体や脳にどれだけ浸透しているのかをかなり気にしている。自分たちが吸う空気や飲む水、食料を育てる土地の状態を気にかけるまっとうな人と同じぐらい、環境保護に関心がある。しかし、私はなによりまず小児科医だ——そしてふたりの幼い子の父でもある。ハーヴァード大学とその医学部で専門教育と訓練を受けた。医学部での面談でたびたび、クリントン大統領が提案する国民皆保険に対する意見を訊《き》かれたのを覚えている。だれもが何か意見をもっているようだったが、私は、その重要な政策上の問題について答えるのにふさわしい訓練を受けている確信がもてなかった。

私は、医療政策がどのようにして立てられ、医師たちがそのプロセスにどう関与できるかについて、医学生が教わっているだろうかと疑問に思いはじめた。そしてすぐに、医学部のカリキュラムに、医療を方向づける政治的・経済的要因に目を向ける余地がほとんどないことに気づいた。それどころか、今でも一般の医学部のカリキュラムには、医療政策、とくに環境保健［訳注／環境が人の健康に及ぼす影響を調査し管理することにより、疾病を予防し健康的な環境を作り出す公衆衛生の一「分野」と化学物質の影響にかかわる政策にからむものは、ほとんど含まれていない。もっときちんとした情報にもとづく視点をもつために、ハーヴァード大学ケネディ行政大学院に入り、医療政策とその経済的側面を深く探った。この経験により、医療に対する私の考え方は根本的に変わった。何百万とは言わないまでも、何千もの人に影響を与える決定をするプロセスに私の医学の知識をもち込めば、これまでよりずっと多くの人を助けられることに気づいたのである。

ボストン小児病院とボストン医療センターで小児科の研修を終えた直後、私は当時上院議員だったヒラリー・クリントンの事務所による特別研究員奨学金プログラムの審査に通った。そしてふたつの領域――子どもの健康と環境保健――に重点を置くよう求められ、小児保健政策に喜んで取り組んだ。私は環境に関心があったが、まだそれを子どもの健康とあまり深く関連づけてはいなかった。

ヒラリー・クリントンのために調査研究をした経験は、また別の転機にもなった。私は、化学物質などの環境因子が人の健康に多大な影響を及ぼすようになっている事実と、きわめて有害な環境にさらされないようにしたり、さらされる量を減らしたりするうえで規制が果たす役割について、それまで以上によく理解できるようになった。特別研究員としての研究を終えたときには、その後のキャリアで重きを置くことになるテーマについて新たに刺激を受けていた。化学物質への曝露が子どもに及ぼす影響を調べ、その予防が社会全般にもたらすメリットを証拠立てて示すというテーマである。

さらに環境医学の教育を受けてから、私は環境科学と医学と政策の交わるところで仕事を始めた。現在、研究の主眼を、子どもの肥満などの慢性症状につながる予防可能な環境因子を突き止めることに置き、ニューヨーク大学の医学部で小児科の教授、同じくニューヨーク大学のワグナー公共政策大学院と国際公衆衛生学部で健康政策の教授を務め、子どもへの化学物質の影響を調査する国内外のいくつかの委員会に所属している。また、二〇年近くにわたり、環境保健の分野で研究をしてきた。

私にとって本書は、合成化学物質の長期的な脅威やそうした化学物質と内分泌攪乱との関係をだれもが理解できるようにしたいという熱意の延長線上にある。私はまた、今はリスクを測りにくいとしても、多くの化学物質には、やがて明らかになる威力――と傾向――があり、それがわかったときには遅すぎる場合が多いということを、人々によく認識してほしいと思っている。実のところ、だからこそ本書の出版は非常にタイムリーだし、急を要する。私たちは、市民として確実にもっている力を真に行使して、みずからの習慣も変え、最終的に政府の政策に影響を与えなくてはならない。この行動が遅れるほど、危険が増してしまう。それは、私たち自身の健康や子や孫の長期的な健康に影響しうる。多くの健康上のリスクは、今ははっきりわからないかもしれない。だが、科学はかなり明確に、病気、肥満の増加、さらには驚いたことに、金を稼ぐ能力の低下につながるＩＱの低下といった傾向を示している。

これはみな、実に恐ろしいことに思えるかもしれない。だが私は本書、とくに最後の二章において、希望はあると断言したい。あなたが自分自身や家族を守るために起こせるアクションはあるし、あなたは大きな好循環に力を貸せるのだ。

調べられている化学物質はごく一部

二〇一四年、私は内分泌攪乱物質（ＥＤＣ）疾病負荷ワーキング・グループの組織を依頼された。八か国の三〇人近くの科学者で構成され、体内でホルモンの作用を阻害する化学物質と関連する健康被害がもたらすコストについて、政策立案者にアドバイスをするグループだ（本書全体で私は、世界的に名高い科学者や医師など、内分泌攪乱の専門家からなるこのグループに言及することになる）。

私のグループが得た知見によれば、対象となった化学物質は、ヨーロッパで毎年一六三〇億ユーロ（二〇九〇億ドルに相当）の疾病関連コストを生み出している。[1・2] どれだけの化学物質を私のグループは調べたか？　すでに知られているＥＤＣの五％に満たない。したがって、その千数百億ユーロは、おそらくかなりの過小評価と言えるだろう。調査する化学物質の数は絞り込む必要があったので、私のグループは、まだ調べる機会のない何千ものほかの化学物質が及ぼす有害な影響については想像するほかなかった。そして調査を効率化するために、化学物質への曝露と間接的に関係がある多くの疾患は除外していた。前立腺がん、骨粗鬆症《こつそしょうしょう》、乳がん、ある種の免疫疾患――早くは幼児期、ときには子宮内にいた時点での化学物質への曝露が引き金となる疾病――などである。しかし、そうした化学物質の理解を試みたきわめて手の込んだ研究さえ、はるかに大きな問題の表面をほんの少し引っかいたにすぎなかった。

本書で私はいくつかのグループの化学物質だけに注目することにした。可能なかぎり最高の科学的証拠と緊密に結びついていることが、私にとって重要だからである。ほかにもたくさんのグループの化学物質が同じような危険を引き起こすかもしれないが、ここで取り上げるグループについては科学研究が最もしっかりなされていて新しい。したがって本書であなたは、ある種の化学物質が私たちのホルモン系を攪乱し、取り返しのつかない形で健康にダメージを与えるのだと知ることになる。またそうした化学物質について、それがひそんでいる場所――家や職場、食べ物のほか、日常環境における意外な場所まで――

についても知ることになる。さらに、そのような化学物質があなたや家族の脳にどんな影響を及ぼすか、また化学物質の追跡がどれほど難しいかについても、わかってくるだろう。感染症なら微生物の分析によって原因がたどれるが、化学物質はほぼ見えない形で働く。ありきたりの臨床検査では曝露の証拠を検出できないおそれがあり、化学物質の痕跡は、その影響が出るはるか以前に消えてしまうこともあるのだ。

この本で伝えたいこと

本書では、次のようなことについて記そう。

- 内分泌攪乱物質はどのようにして私たちの体に入るのか。
- その物質がどのようにして私たちのホルモンを模倣し、そのときに何が起こるのか。
- ホルモンの攪乱が、脳機能障害、糖尿病や肥満などの代謝異常、および生殖異常といった幅広い疾患をどのようにもたらすのか。
- こうした疾患の事例が増えると、個人や広く社会にどのような影響が及ぶか。
- 都市、郊外、地方のライフスタイルを維持しながら、とりわけ気がかりな化学物質への曝露を減らすには、どうすればよいか。

・今日私たちが直面している病気の蔓延をもたらした——政治的、経済的および政策立案上の——要因は何なのか。規制の枠組みにどのような欠陥があるのか。塗料から鉛を、哺乳びんからビスフェノールAを、リンゴジュースからアラール〔訳注／ダミノジットの慣用名〕をなくすといった多くの事例で功を奏したように、あなたの消費者としての購買行動が、政策が変わらない場合の埋め合わせとしてどう期待できるのか。

あなたは、家族が日常生活でよく使っているどの製品に内分泌攪乱物質（ＥＤＣ）が含まれているか、そして、その危険を減らすために即座にとれる単純な手段として何があるかを知ることになるだろう。私はまた、いくつかのケーススタディーも載せて、こうした化学物質が実生活にもたらしうる被害をわかってもらえるようにした。私が語るケーススタディーは、自分のキャリアを通じて出会った多数の患者の話からなる。名前や細部は変えてプライバシーに配慮した一方、重要な結論を際立たせている。多くの研究者は臨床診察からは離れているが、今でも私は臨床小児科医として患者やその家族を相手にしているので、実際に人々が経験している状況に根をおろしたままでいられる。政治にかなり足を突っ込んでいる私だが、子どもやその家族に寄り添うことが私のスタイルであり、そのおかげで研究の意味を政策立案者によりよく伝えられるようになっているのだ。

私はまた、自分や内分泌攪乱を研究する同僚がなぜ大いに懸念しているのか、そしてなぜあなたも懸念すべきなのかをわかってもらえるように、とりわけ重要な研究を取り込むようにした。こうした健康上の問題の重要性をないがしろにし、科学が間違っていると主張する著名人もいる。医学界にさえ、このような化学物質の影響を矮小化し、反論の余地のない明白な結果を示した研究、慎重な計画にもとづき別々の科学者によって再現されている研究を否定する人がいくらかいる。そのようなわけで、企業に導かれた声が、事情に通じた私たちの声を強く攻撃するようになるにつれ、どこでどのように彼らが科学をつぶしにかかり、研究を不正確に伝えているのかを知ることはいっそう重要になる。

私は統計学や医学用語や恐ろしい事実をあなたに投げつけるつもりはない。むしろ、内分泌攪乱物質とそれが人々の健康に及ぼす打撃について、私たちの種《しゅ》や星の状態の調査を通じ、発見の最前線にいる人々——内分泌攪乱や産科、毒物学、公衆衛生、小児科などの分野の第一人者——とのやりとりをもとに、ドラマチックな話を展開したい。

また、ＥＤＣへの曝露が社会にもたらす経済コストを評価するのも、私の研究領域のひとつだ。本書ではその金額を示すことになる。このような経済的負担をめぐる議論は、決して健康上の危険を軽く見るものではない。実は正反対だ。化学企業やメーカーは、製品の安全性を向上させようとするとコストが高くなることについてよく議論しているので、安全性とコストのトレードオフについてきちんと評価できるように、「何もしないこと」による経済コストを明らかにすることは重要なのである。ほどなくあなたも、製品の安全性の向上や新しい政策による規制に投資するよりも、何もしないほうが公衆に対するコストが増す事実に気づくだろう。

知識はパワーだ。だから、私は知識があなたを動かし、この重大な変化を起こす機会をとらえて、あなた自身や愛する人を守る手段を実際に講じることになればいいと願っている。

ＥＤＣの影響について一番早くはっきり現れた証拠は脳へのものなので、まずはそれから話を始めよう。次に、ＥＤＣとそれが肥満や代謝に及ぼす影響について、明らかになっていることがらを検討しよう。そのあとで、次第に増えている生殖異常に対してＥＤＣがどう関係しているのかを探る。

この過程で、ＥＤＣによる疾病の経済コストの話もする。現に莫大なコストだからだ。

最後に、私の臨床医としてのキャリアのなかで会った、ＥＤＣ曝露と関係している可能性がある症状を示す人々の話をしよう。言葉は注意深く選ぶ。そうした症状のほぼすべてには、遺伝的素質と生活習慣と環境汚染物質がぶつかり合って生まれる複数の要因がある――だから私は、ＥＤＣと「関係している可能性がある」と言うわけだ。産業界には、この複数の要因があるという事実を、化学物質と疾病のつながりをないがしろにしたり反証したりする手だてに利用している人もいる。それでも、人間の活動が気候変動をもたらしている可能性と同じように、本書であなたが知る代謝や生殖や神経系の異常の少なくともひとつ――おそらくは多く――をＥＤＣがもたらしているのだと、科学者がほぼ一〇〇％確信できるところまで研究成果は積み上がっている。

ひとりひとりが行動を起こすことが大事

こうした化学物質について知識を得て、問題の化合物とその影響を実際に直接理解することで、あなたも意識を高めてアクションを起こしていきたいと思うようになるにちがいない。私がそのための務めを果たせれば、あなたは力を得たように思え、自分の知識に自信をもち、声を上げる勇気が湧くだろう。私たちは、決して政治工作員になる必要などない。それどころか、私の視座はいつでも最高の科学と良識に根差しているのである。

私は小児科医、研究者、政策の専門家として、親などがこうした莫大なコストの証拠の点と点とを結んで全体の構図を明らかにし、結果的に政策立案者を動かすのを手助けすることに注力している。化学物質とその影響とのつながりを確かめずにいる場合に社会や政府や経済そのものがこうむる天文学的な負担を理解して初めて、私たちの社会は規制を通じて真の恒久的な変化をなし遂げられるだろう。だが、ひとりひとりの人間が声を上げることも本当に大事だ。私たち一般市民はみな――ツイッターのハッシュタグや財布の中のお金で――影響を与える力と権利をもっている。自分たちの選択と習慣が重要なのである。

情報は取り込みきれないほどたくさんある。しかし、こうした化学物質が現に存在し、危険で、ほとんどの市民の暮らしにすっかり溶け込んでいるのだと理解しよう。そしてなにより急を要することに、それらの化学物質は、私たち全員が強いアクションを起こさなければなくならないのだ。

第1部　化学物質が健康をむしばむ時代

1　何が起きているのか？

一九六二年、ニューヨーク市。四歳から一二歳の子どもが数十人、コンクリートの遊び場を走りまわり、鉄のジャングルジムをのぼり、交替でスチールの枠組みのブランコを漕ぎ、厚板でできたシーソーに乗っている。子どものはしゃぐ声があたりに響き、ニューヨーク市の往来の騒音は背後にわずかに聞こえるのみ。船が港に停泊し、工業区域の煙突からは煙がもくもく出ている。午後三時を過ぎ、学校は放課後だ。ほぼどの子の母親もそばのベンチに座り、わが子を都会のオアシスで自由に走りまわらせている。私のような小児科医からすると、ほとんどの子が予防接種を受け、百日咳や破傷風、ジフテリア、ポリオの危険がもはやなくなっているとみなせるのはうれしい。おたふく風邪や麻疹《はしか》も過去のものになっている。それればかりか、一九六二年の予防接種支援法により、連邦政府は幼くてとくに脆弱な市民を、しばしば命にかかわるが避けられる病気から守る責任を負うようになった。[3]

水痘《すいとう》（水疱瘡《みずぼうそう》）のあとが残っていたり、風邪が治りきっていなかったりする子どもが何人かいるが、そうした子も、ほかの点では以前の世代に比べてきわめて健康だ。予防接種の普及とペニシリンなどの抗生物質の発見によって、一九五〇年代後半から一九六〇年代初めに生まれた子どもは、医学研究の大幅な進歩の恩恵を受け、かつては幼児死亡率を高めていたたくさんの感染症から守られていた。大半の子どもは平均的な体重や身長で、見るからに健康そうだ。そして、世界じゅうから何世代も移民を受け入れてきたマンハッタンの一般的な民族・人種の多様性が表れている。

この人種のるつぼの遊び場で詳しい調査をおこない、子どもや母親の血液や尿を採取して分析したら、健康についての私の所見がおそらく裏づけられるだろう。さらに検査をして感情と社会性の発達の指標やＩＱを調べれば、子どもは均一なスコアを示し、集団内に大きく外れた値はほとんどないはずだ。

では、二〇一九年の同じニューヨークの遊び場を想像してみよう。コンクリートの遊び場は、人工芝と、古タイヤでできた柔らかい地面が継ぎ合わされたものになっている。金属とゴムのブランコや、ジャングルジム、シーソーはなくなっている。その代わりに子どもを迎えるのは、階段と、すべり台と、体育館にあるような器具がごちゃごちゃ並べられたものだ。色は派手――鮮やかな青と黄色、赤、緑、オレンジ――で、カラフルな取り合わせが安全に遊べることを保証している。子どもは追いかけっこをし、一九六二年と同じ歓声があふれている。街の喧噪《けんそう》は増し、船の汽笛や工場の煙突は消えている。街路や空気はきれいになり、周囲のベンチを見わたすと、母親や父親など、子どもを見守る人はみなスマートフォンを手にしている。

この現代の遊び場をもっとよく見ると、ほかにもいくつか大きな違いに気づく。全体として、子どもの背丈も体重も増している。一五五センチメートルの男児は、一二歳にも見えたが、まだ九歳だ。胸や尻の感じから一四歳と見てとれる女児が、実は八歳である。大人も違っている。彼らのほぼ半数が過体重、つまりかなり肥満に近い。

また、こうした子どもと見守る人をもっとよく調べて、細かく身体や精神の検査をすれば、ほかにも気がかりな点が見つかるだろう。少なくともひとりかふたりは自閉症スペクトラム障害と診断されていて、[4]数人の子どもはかなりの学習障害を示し、男児の一三％超と女児の五％超はＡＤＨＤのはずだ。[5]多くの子どもには食物アレルギーがあり、[6]かつては高齢者や虚弱児しかかかっていなかった疾患――糖尿病、高コレステロール血症、高血圧――の徴候も見られる。彼らの将来を調べたら、男児の多くはやがて精子数が少なくなり、女児の多くは子宮内膜症や不妊など、生殖障害を抱えることになるだろう。要するに、子どもの基本的な生体・生理の状態が一、二世代で変わってしまったのである。

　何が起きているのだろう？

見えない汚染物質

　このあいだの五七年に何がそんなに劇的に変わり、それによって子どもの体質や健康状態がひどく悪化したというのか？　何がきっかけで、何が原因で、ほんの一世代前にはきわめてまれだった重い病気が幼いころから発症するようになったのか？

　民族の構成は違うとしても、ニューヨークに住む人の総数は一九六二年からあまり変わっていない。それに、ほとんどの点で、この市は良い方向に変わった。市そのものは、一度ならず財政危機をしのぎ、最貧地区の荒廃も経験したが、その後復活して栄え、輝かしい新たな高みに至った。大気汚染は減った。医療へのアクセスは向上した。市の法律は、だれでも求めればシェルター（保護施設）に入《はい》れることを保証している。家の価格はかなり上がったが、市全体としては最も脆弱なところをうまく守れるようになっている。

　だがこれは、ニューヨーク市だけの問題ではない。あらゆるコミュニティーの環境が、いまや私たちの体に入る**内分泌攪乱物質（ＥＤＣ）**に包囲されているのだ。数千ではなくても数百の化学物質が環境に持ち込まれて満ちあふれ、何百万もの人の身体や脳を文字どおり変えている——つまり損傷している——という話であり、どれだけ多くの疾患が、大人にはまだ明白な影響がないとしても、子や孫に影響を及ぼすかという話である。そして、私たちが家庭と呼ぶコミュニティー——都市のものであれ、郊外や地方のものであれ——に、子や孫の健康へのひどい脅威が隠れているという話でもある。

このすべては、あくまで先進国の暮らしがもたらした結果なのだろうか？　答えはイエスでもありノーでもある。

こうした疾患の多くは、座りがちの生活習慣、砂糖たっぷりで極端に口当たりがいい加工食品、運動不足、それに生の果物や野菜を摂らない食生活に原因をたどれた。ヒトゲノムの配列決定により、糖尿病や肥満といった慢性疾患、ＡＤＨＤや自閉症といった脳機能障害、子宮内膜症や精子数減少、男女の不妊といった生殖障害の原因の一部も突き止められるようになった。しかし、よく調べるほど、全体の図式は複雑に見えてくる。複数の研究から、環境曝露が遺伝子の発現を変え（遺伝コードの配列は変えない）、病気や機能障害をもたらす可能性が明らかになっている。これは、いわゆる生活習慣病をここまで大幅に増やした要因がほかにあり、これまでは隠れていたことを示唆している。

世界じゅうの多種多様な研究から今わかっているのは、隠れた要因のなかに、私たちの土壌や農場や食料、化粧品や衛生用品や家具、あるいは、庭、芝生、田畑、遊園地などの野外スペースにしみ出た化学物質への環境曝露があるということだ。原因と結果を結びつける証拠は、このあと記す四大化学物質でとくに強力なものとなっているが、内分泌攪乱物質となる化学物質はほかに一〇〇〇以上も知られている。しかもこれは少なめに見積もった数だ。多くの化学物質は調べられてもいないので、科学者と医学界の両方の目をかいくぐっている。

健康への影響について、とりわけ強力な証拠がある四大化学物質は、**殺虫剤**、**難燃剤**、**可塑剤**、**ビスフェノール**で、これらは食品や飲料の缶の内面塗装に使われている。当初、こうした化学物質は、ウイルスや細菌の感染のように、体内に残留しなければ悪さをしないと考えられていた。だが今では、化学物質自体は数日以内に排出されることが多くても、長く体への影響が残ることがわかっている。そしてなにより恐ろしい話がこれだ。**このような化学物質との接触の影響は、何年もあとにまで尾を引き、次の世代に受け渡される**ことさえある。私はこれを、**有害な化学物質の「当て逃げ」効果**と呼んでいる。そうした物質には、私たちのだれにでも、とりわけ器官がまだ成長の途上にある乳幼児に対し、長期にわたり人生を変えるほど強い影響があることがわかっている。その影響は、次のようなものだ。

・ＩＱの低下
・肥満
・２型糖尿病
・先天異常
・不妊
・子宮内膜症
・注意欠陥・多動性障害（ＡＤＨＤ）
・子宮筋腫
・精子数減少
・精巣がん
・心臓病
・自閉症
・乳がん

こんなに多様な症状にどうして共通点がありうるのかと思うかもしれない。共通点はある。しかもそれは、米国でまだ規制されておらず、製造され何百もの製品に商業的に使われつづけている数千の化学物質のどれかや混合物と直接関係があるような、内分泌攪乱のマーカー（標識）だ。

私たちの家や食べ物や環境に存在する化学物質のすべてはまだ調べられていないが、研究結果は、先述の四種類の化学物質（殺虫剤、難燃剤、可塑剤、ビスフェノール）と、健康のために欠かせない少なくとも三つの機構（脳・神経系、代謝、生殖機能）の疾患とのあいだに、確実とは言わないまでも強いつながりがあることを裏づけている。

内分泌攪乱とは何か？

内分泌系とは、私たちがもつホルモン（身体が作り出して使っている化学的なメッセンジャー）の系のことだ。内分泌攪乱とは、とても簡単に言えば、体内のホルモンの正常な機能が合成化学物質への曝露によって乱されることを指す。

ときに化学物質は、細胞の受容体に結びつくことでホルモンの活動を模倣し、過剰にホルモンを作らせたり放出させたりする。あるいはまた、化学物質がホルモンの活性化を阻んだり、天然のホルモンの生成や血中での循環を減らしすぎたりする場合もある。外部からの化学物質が本来のホルモンの機能を変えると、細胞や組織に異常をきたし、脳や生殖器などの器官系に悪影響が及び、結果的に病気や機能障害をもたらすことがある。遺伝子やタンパク質、それに細胞内の小さな分子についてよく理解するほど、遺伝コードを変化させずに遺伝子による物質合成を増減させるといった目立たない形で、化学物質がホルモンの機能を変えることがわかってくる。[7]

内分泌攪乱の転換点

以前から科学の文献や書籍が内分泌攪乱について警告を発してはいたが、二〇〇九年に国際内分泌学会が出した声明により、この問題は正式に医学界や科学界に注目されるようになった。[8] 国際内分泌学会の会員一万七〇〇〇名は、内分泌学にかかわっている一二〇か国の科学者や医師からなり、そうした人々のおかげでその学会は、「ホルモンの研究と内分泌学の臨床実践に力を注ぐ、世界最古・最大にして最も活動的な組織」となっている。二〇一二年、世界保健機関と国連環境計画が、内分泌攪乱物質を「**世界の公衆衛生に対する新たな重大脅威**」と指摘する報告を発表した。[9,10] 三年後、国際産婦人科連合は独自に勧告を発表し、危害を防ぐタイムリーな対応を求めた。[11] 同じ二〇一五年に、内分泌学会は第二の声明も出し、さらに多くの科学的証拠――一三三一の科学文献――と、内分泌撹乱物質についての懸念やその人体への影響を報告した。[12] とくに最近では、二〇一八年七月、米国小児科学会が、食品に意図的に加えられたり、はからずも混入したりする合成化学物質について警鐘を鳴らし、家庭や政策立案者に行動をうながしている。[13] こうした大きな国際組織は、証拠が次々に増えており、今こそ具体的な手段を講じるときだと声高に主張している。

米国とヨーロッパの対応の違い

米国政府の規制機関は、かなり前から、内分泌関連の疾患とまだ規制されていない何千もの化学物質とのつながりに気づいていた。疾病対策センター（ＣＤＣ）は、定期的に米国民の調査をおこない、代表的なサンプルの血液と尿を分析している。そうした調査によって、**ホルモン撹乱物質が米国人の体内にかなり一般的に存在することが確かめられている。**二〇一三～二〇一四年の調査では、成人の九五％に検出可能な量のビスフェノールＡが存在し、ほぼ全員が、食品包装によく使われているフタル酸エステル、すなわちフタル酸ジエチルヘキシル（ＤＥＨＰ）に対し、検出可能な程度に曝露されていた。[14]

米国じゅうの親たちは、「ＢＰＡフリー（ビスフェノールＡを含まない）」と表示された製品を思慮深く選んでいるが、ほかの有害な化学物質やホルモン攪乱物質にわが子をうっかりさらす状況が無数にあることには、気づいていないのかもしれない。

米国の企業は、より良い消費者製品を作るとか、食料生産のためになるということを口実に、こうした化学物質の製造・販売・流通を続けている。業界は「安全だ」と主張しているが、虚偽情報ではとの疑いは晴れない。そのため私たちは、この国、大陸、星に住む者として、日常的にそうした有害な化学物質にさらされつづけているのだ。

欧州連合（ＥＵ）はすでにこうした危険な化学物質の多くを規制する動きに入っているが、これまでのところ、米国は立ち止まっている。ヨーロッパと米国におけるこの規制の違いをとらえている別のシナリオを次に示そう。

米国人が国内のほぼどこのショッピングモールでもいいから、家族旅行のために買い物をするとしよう。シャンプーや歯磨き、それに新しい服を何着かと、飛行機で食べるスナックを買う。同じころ、フランスかドイツの家族が、海辺で過ごす一週間を心待ちにしながら、同様の手順で、日用品やいくつかの衣料品、それに海辺のバンガローにたくわえる食料品を買い込む。

このふたつの状況でそれぞれの母親の血液と尿のサンプルを採取すれば、体内の合成化学物質の数と量の大きな違いに気づくだろう。たとえば、平均的な米国人女性では、ドイツやフランスよりきわめて高い量の臭素化難燃剤が検出されるはずだ。

二〇〇三年以降、ヨーロッパでは、がんや遺伝子変異、生殖異常、先天異常を引き起こすとされている一三〇〇の化学物質を化粧品に使用することを禁じている。[15] 二〇〇六年には、ＲＥＡＣＨ（化学物質登録評価許可規則）という規則が制定された。日用品、敷物、衣類、食品に一般的に含まれている化学物質について、健康への潜在的影響を調べ、必要であればより安全な物質に置き換えることを求める規則だ。これに対し、米国の食品医薬品局（ＦＤＡ）は、化粧品に対して一一の化学物質しか禁止も制限もしていない。[16]

難燃剤に使われている化学物質が危険なことも、しばらく前から知られていた。マットレスやソファなどの家具やパジャマに火がつくのを防ぐために使われている難燃剤について、論争があったのを覚えている人もいるかもしれない。一九七五年、カリフォルニア州法は、家具について、発泡材の詰め物の「裸火試験《はだかびしけん》」の実施を要求した。ウレタンフォームなどの素材を、蠟燭《ろうそく》サイズの小さな炎に最低一二秒間さらす試験である。この試験は、家具を臭素化難燃剤で処理すればきわめて容易にパスできた。数十年後の二〇一三年になってようやく、この化学物質が発育中の胎児の脳へのダメージと結びつけられると、化学物質の難燃剤を使わずにより良く耐火性を実現するように州法が改正された。[17]

ヨーロッパではそうした要求はないまま、域内のメーカーがみずから一九九〇年代に臭素化難燃剤の段階的廃止に乗り出した。そして最終的に二〇〇六年に使用が禁止される。米国とヨーロッパで難燃剤にかんする政策の違いはほかにもあるが、[18]先述のカリフォルニア州法は、米国とヨーロッパで曝露の量に明らかな違いをもたらし、そのことは過去一〇年にわたりたびたび報告されている。[19]こうした化合物は今では段階的に廃止されつつあるが、臭素化難燃剤に代わる有機リン系難燃剤がいろいろある。そうした代替品はまだ登場したばかりなので、本書では注目しないが、ノースカロライナ州立大学のヘザー・パティソールとスコット・ベルチャーの研究では、この化学物質が胎盤に蓄積され、ラットで脳の発達に影響を及ぼし、また脂質や炭水化物の代謝に欠かせない遺伝子の発現を変化させることが明らかになっている。[20・21・22]

二〇一六年にオバマ大統領は、化学物質の安全性評価を改善すべく、有害物質規制法の改正に署名したが、環境保護局（ＥＰＡ）は、検査データが十分にない数千の化学物質を評価できるだけの資金援助や政治的支援を得られそうにない状況にある。[23]トランプ政権の初期に、この改正されたばかりの法をないがしろにする動きがあった。ある種の農薬への曝露を制限する点で、米国はヨーロッパに先んじていたのだが、ＥＰＡの前局長スコット・プルイットが、注意深くおこなわれた多数の研究による知見を「最初から決めつけられた結果」として退け、農業への**クロルピリホス**の使用を止めてほしいという申し立てを拒絶した。クロルピリホスは有機リン系殺虫剤で、妊娠中に胎児の甲状腺機能に影響を及ぼし、発達中の脳にダメージを与えることが報告されていた。[24] ＥＰＡはこの決定ののち、激しい非難を受け、二〇一八年八月、連邦裁判所はＥＰＡに農業へのクロルピリホスの使用を禁じるように命じた。

ヨーロッパで、家具や電子機器や家電の火災を防ぐために使用する化学物質として臭素化難燃剤が禁止されたのには、きわめて明確な理由がある。この物質を発達中の脳への影響と結びつける証拠は非常に強力で、世界のさまざまな地域の集団を対象とした調査で独立に同じような結果が得られ、実験室と一致する知見がもたらされている。

あなたは、化学物質がどうやって脳にダメージをもたらすのだろうかと思うかもしれない。内分泌攪乱物質と疾患のつながりを示す研究を、政府や政策立案者がどうして無視などできるのかと反発するかもしれない。確かに、この事態を憂慮する親や医師がそうした問題のすべてに取り組もうとして大論争になっていることは間違いない。だが、かつてはまれだった疾患が急激に増加しているのはまさしく事実であることに変わりはなく、私たち自身やその子や孫は、だれひとりその疾患と無縁ではないのだ。

行動を起こすときをどう判断するか？

五〇年あまり前、タバコの害をめぐる論争のさなかに、疫学者のサー・オースティン・ブラッドフォード・ヒルは、**因果関係**――ふたつの事象の「原因」と「結果」の関係――をいつ、どうやって間違いなく確かめられるのかをテーマに、画期的な講演をおこなった。彼は、なんらかのつながりが因果関係かどうかを決定する明確なルールはないことを明らかにした。非常に多くの部分が、個人の疾患や特定の状況という背景に左右されるからだと。ヒルは、妊婦のつわりを抑える薬の使用規制の例をもとに、体に害があることを示す「わりと薄弱な証拠」でも人々は規制のための行動を起こすと言っていた。それで「妊婦も製薬業界も確実に生き残れる」からだ。職業によって取り込んでしまう発がん物質の場合、「合理的な」証拠があって初めて、政策立案者が介入して阻止するレベルとなる。多くの人が（科学者さえも）「因果関係」という言葉を誤用しているのだから、ヒルの助言は重要なのである。[25]

因果関係は決して確実なものではない。薬でおこなわれているランダム化比較試験さえ、必ずしも因果関係を示してくれはしない。私たちはつねに、現象を見つめ、それを自分たちの経験と比べ、現状の解釈を調整する。科学者としてできるのはせいぜい、あらゆる不確かさも添えて情報を提示し、気候変動の研究者がしたように、科学的現象の確率を解釈することだ。私はよく、相関と因果関係のはざまのグレーゾーンに取り組む羽目になるが、ほかの科学者も同じようなジレンマに出くわしている。人間の現象を理解する過程で、えてして研究は答えを与える以上に新たな疑問を投げかけるのだ。とはいえ、先んじて予防すべきなのかという疑問は、因果関係があるのかという疑問とは別である。

法廷の陪審員のように、あなたは自分自身の印象を表明する必要がある。反証よりも証拠の数が多ければ、時として一〇年、二〇年、あるいはそれ以上経ってようやく人間に現れるかもしれない疾患に対しても、防ぐ行動を起こすだろうか？　それとも、合理的な疑いをもてないほどの証拠が必要だろうか？　私も自分なりに、科学者、小児科医、そして父親として生きてきて意見を固めている。精一杯「事実のみ」に的を絞り、あなたが自分自身の意見を形成できるようにしたい。

これは科学の厄介な仕事である。

化学物質への曝露がもたらすコストを算出すべき理由

私たちの置かれた状況はひどいものだが、良いニュースもある。かつて私たちは、化学物質を自分たちの環境から追い出すことに成功したことがあるのだ。**鉛**、**アスベスト**、**水銀**、**ヒ素**、**タバコ**を例にとろう。長い年月がかかり、何度も企業の抵抗に遭ったが、科学者や医師はついに、こうした化学物質の有害な影響について政策立案者を納得させた。いまや、わざわざ大きな声を上げる必要はない。ありがたいことに、こうした化学物質のよく知られた害から身を守るための規制が今では用意されているのだ。

鉛とアスベストと水銀の研究から得られているとりわけ重要な成果のひとつとして、化学物質の危険性が社会全体にもたらす莫大なコストが明らかになったことが挙げられる。実のところ、環境化学物質が子どもの脳の発達に及ぼす影響は微妙で、親でさえ気づかないかもしれないが、集団全体への影響はとても大きい。たとえば鉛の場合、いくつもの研究から、低レベルの曝露でも恒久的に脳機能が損なわれたりＩＱが下がったりすることがわかっている。ここで、平均的な米国人のＩＱスコアがおよそ五ポイント下がったとしよう。平均的なＩＱが一〇〇ぐらいだとすれば（この場合、人口の二・五％が、知的障害として通常定義される七〇を下回る）、ＩＱスコアが五ポイント下がると、三四〇万人以上が新たに知的障害に相当するようになる。これは正確には五七％の増加だ。知的障害をもつ米国人の数が、六〇〇万から九四〇万に増えるわけである。[26]

経済的な面では、複数の研究が一致して、米国で生まれた（知能の点で）平均的な子どもは生涯でおよそ一〇〇万ドルを稼ぐと見積もっている。ＩＱスコアが一ポイント下がると、稼ぐ能力は二％、つまり二万ドル落ちる。毎年四〇〇万人の子どもが生まれているとして、一年間で生まれる子ども全員のＩＱが一ポイント下がれば、生涯に稼ぐ能力、ひいては国全体の経済生産性が、八〇〇億ドル落ちることになる。この落ち込みは、ＩＱの低下だけでなく、ＡＤＨＤや肥満、生殖異常、がん、心臓病——まだ規制されておらず、稼ぐ能力に悪影響を及ぼしつづけている何千もの化学物質による、さまざまな疾患——の増加も考慮すると、いっそう大きく、とてつもないものにさえなる。

一九七〇年代にガソリンから鉛が次第に取り除かれると、鉛の濃度は一デシリットル（〇・一リットル）あたり約一二マイクログラムにまで低下し、これに応じて、二〇〇〇年代に生まれた子どものＩＱは、一九七〇年代に生まれた子どもに比べて二・二〜四・七ポイント上昇した。いまや子どもがガソリン中の鉛にさらされることはなくなっているので、今日までに米国の年間の経済生産性は一一〇〇億〜三一九〇億ドル上昇したと推定されている。[27]そう、三億の米国人がそれぞれ、毎年一〇〇〇ドルもの還付金を受け取っているようなものなのだ。私たちが正しいことをして、一九七〇年代にガソリンから鉛を取り除いたおかげである。

世界に話を広げると、ガソリン中の鉛の段階的除去により、経済が毎年二兆四五〇〇億ドル分刺激されつづけている。これは、国内総生産（ＧＤＰ）の世界総計の四・三％に相当する。[28]見てのとおり、これはＩＱと稼ぐ能力との対応を意味しているのだ（鉛は今も一部の塗料に使われているので、まだ世界のＧＤＰの一％が失われていると言える）。[29]鉛汚染の科学研究は、米国でガソリンなどの製品への鉛の使用を規制するよう、公共政策の変化をうながした。それでも、ほかの化学物質、とくにＥＤＣによるコストはまだかかっており、経済機会も失われたままだ。

本書ではこの先、こうした問題に取り組むことになる。だがありがたいことに、わかりやすく信頼できる情報源があるので、全体像をつかみやすいばかりか、行動を後押しする手だても得られるだろう。私はあなたを怖がらせたいのではない。なるべく希望をもたせ、楽観的にさせ、勇気づけたいと思っているのだ。

新たな現実を知って受け入れるのは、えてして困難で不愉快なものだ。それどころか、考えを変えて、知らず知らず自分を危険にさらしている可能性に対して心を開くのは、だれにとっても難しい。それは私にもわかる。有害な化学物質にまつわる事実を認めると、不安や疑念や恐怖の引き金を引くおそれがある。しかし、これからページを繰るあいだ、あなた自身や愛する人を守るためだけでなく、化学の凶行を止めるためにも、あなたができることはたくさんあるのだと心にとどめておいてほしい。

2　有害な化学物質の影響を追って

私たちが環境——空気から土、海、それに食卓の食べ物に至るまで——に化学物質をまぎれ込ませることは、最近までなかったわけではない。シュメール人は、二〇〇〇年以上も前に、**硫黄化合物**を使って虫やダニを駆除していた。ヨーロッパの産業革命では、害虫駆除の新たな手段がもたらされ、農業生産を加速した。農家は、自分の作物が心配で、あらゆる昆虫や菌類など、植物への自然の脅威から作物——と生計——を守れそうな製品を歓迎した。そうした製品の一部は天然由来のものだったが、それでも有害だった。たとえば、ヒ素を含む農薬は一八〇〇年代の終わりごろ、甲虫によるジャガイモへの害を防ぐために使われていた。鉛が塗料に広く使われるようになると、それをヒ素系化合物と組み合わせて、広く普及した**ヒ酸鉛**の農薬が作られた。

二〇世紀には、害虫駆除剤のレパートリーにまたひとつ、合成物質の波が押し寄せた。

たとえば**有機リン系農薬**は、第二次世界大戦中に対人神経ガス剤として最初に開発された。この化学物質は、ニューロン（神経細胞）が互いに情報をやりとりするのに使う神経伝達物質（アセチルコリン）の分解を阻止することで、脳の正常な機能を損なう。その後これは、同じメカニズムで、だがはるかに低い曝露量で、殺虫効果を示すことがわかった。ヒトと昆虫は違うという理由で、当時私たちは安全と考えられ、農薬業界は連邦政府や議会と緊密に連携し、「表示の正しさ」のみに的を絞った法規が立案されていた。連邦殺虫剤・殺真菌剤・殺鼠剤《さっそざい》法が議会で承認された一九四七年には環境保護局は存在していなかったため、米国農務省が所轄の主導機関だった。食品医薬品局は、発がん性がわかっている農薬を食品から締め出す連邦食品・医薬品・化粧品法への一九五八年と一九六〇年の改正により、新たに監視役としての権限を与えられた。

振り返ってみると、ヒトの健康を害するおそれのある化学物質から食品を守ろうとしたこうした対応は、中途半端だったことがわかる。どれだけの量でがんが生じるかにかかわらず、発がん性があるならどんな化学物質も食品添加物とするのを禁じたデラニー条項は、一九九六年に撤廃された。[30] 今とよく似たそんな弱い規制の枠組みのなかで、企業は何千もの化学物質を新たに開発し、一六〇〇万平方キロメートル〔訳注：日本の国土の約四・二倍〕以上もの農地に使われる製品に導入しつづけた。

一般にＤＤＴの名で知られる、ジクロロジフェニルトリクロロエタンを例にとろう。これは一八七三年にドイツの科学者が最初に作り出し、マラリアやチフスなどの病気を運ぶ昆虫の駆除に使われた。一九四〇年代には、別の科学者パウル・ミュラー博士が、ＤＤＴは農業用の効果的な殺虫剤になることに気づき、企業がそれを作物や畜牛に用いる殺虫剤として広く製造・販売しだした。ＤＤＴを含む製品は、庭や家の中のほか、屋外の空間でも使用された。ほどなく、ＤＤＴが遠方まで運ばれ、環境に何年も残ることが明らかになった。それはまた、脂肪組織に蓄積され、乳がんやほかのがんの発生とも関係していた。だが、ＤＤＴがヒトにとって危険である証拠が出ても、その使用は続いた。ミュラーは一九四八年にノーベル生理学・医学賞を受賞している。ＤＤＴは一九七二年に米国環境保護局によって使用を禁止されたが、環境や私たちの体にはまだ曝露の形跡が残っている。ジャーナリストのアンダーソン・クーパーに訊いてみるといい。二〇〇七年に放映されたＣＮＮのドキュメンタリー番組『プラネット・イン・ペリル（地球の危機）』のなかで、彼の体に検出可能なレベルのＤＤＴが存在することがわかった。詳しくはこの章でのちほど語ろう。

では、研究室の専門家や企業の幹部は、ＤＤＴの害について知っていながら、なぜ製造と使用を続けさせたのか？　私としては、彼らがわざと人々に危害を加えたがっていたとは思わないが、目先のことだけ考えた都合のいい主張――「有罪が証明されるまでは無罪」の方針と私は呼んでいる――に安穏としていたのかもしれない。

環境保護論者のウィル・アレンが指摘しているとおり、早くも一九二九年に、『アメリカン・ジャーナル・オブ・ヘルス』に公表された研究結果が、食品のほか、綿や石炭や建材などの材料に、一万三〇〇〇トンのヒ酸鉛と、同量の**ヒ酸カルシウム**――どちらも毒物として知られている――が存在することを示していた。[31] 第一次世界大戦後の空気は、「化学によって、より良い暮らしへ」――デュポン社が五〇年近く使っていたスローガン――という時代の到来を告げていた。合成化学物質の利用が増すと、どんどん電化製品が製造され、椅子の布張りや衣類などに耐火性が与えられ、プラスチックが作られるようになった。確かに、農薬中のヒ素に汚染されたリンゴを食べた人が死ぬなど、いくつか危険信号は発せられていたが、そうした出来事は今と同じくまれだったのである。それに、合成化学は病気の治療に大きな希望を与え、人々の健康を向上させてくれていた。一九四〇年代には、**ジエチルスチルベストロール（DES）**が合成エストロゲン［訳注／エストロゲンは女性ホルモンの一種］として働き、妊娠合併症や流産を防ぐ特効薬になると考えられた。それから七〇年以上経った現在、この薬を服用した母親の孫に新たな影響が見つかっている。

では、私たちにとっての問題は何なのか？　安全を実際に保証するのはなぜ非常に難しいのだろう？　大企業の商売がつねに消費者保護より優先されるように見えるのはなぜなのか？

DESベイビー

幸い、これまでつねに、一般に定着した考えに逆らい積極的に声を上げることが、うながされてきたとまでは言わないが許されてきた。とくに環境科学の領域ではそうだった。一九世紀の終わりにはルドルフ・シュタイナーが、一九六〇年代の初めにはレイチェル・カーソンが、一九九〇年代にはシーア・コルボーンとピート・マイヤーズが、そのほか私が光栄にも知り合いになり、共に働いたことのある多くの方々が、化学物質の危険を強く訴えている。レイチェル・カーソンは、ベストセラー『沈黙の春』（青樹簗一訳、新潮社）で新事実を明らかにし、化学物質と動物の死、海・河原・草地・農地の破壊、ヒトへの害とのつながりについて、確かな証拠を集めた。カーソンはとくにDDTを、「化学戦［訳注／害虫に薬剤で挑む戦いのこと］が勝利を収めることはなく、あらゆる生命が激しい集中砲火にさらされる」例に結びつけた。[32]　しかし彼女はまだ望みを抱いており、「必要な知識の多くは今手に入るのだが、私たちはそれを利用していない」と指摘する。しかもそれは一九六二年の時点だ。私たちの知識は、そのころからひたすら増えた。当然かもしれないが、『沈黙の春』が人気を博すと、化学メーカーや米国医師会や工業型農業の企業は、カーソンと、彼女が著書のなかでおこなった調査や主張を貶《おとし》めた。だがありがたいことに、環境問題の歩みをはっきり記録した年表のなかでウィル・アレンが指摘しているように、大統領直属科学諮問委員会は、カーソンとその研究成果を支持すると公表した。

ほどなく、一九六六年から一九六九年にかけて、一五～二二歳の若い女性七人が、マサチューセッツ総合病院できわめて珍しいタイプの膣《ちつ》がんと診断された。このがんは、一九六六年までこの病院では見つかっていなかった。また、かつて症例報告はあったものの、はるかに年齢の高い女性で見られていた。このように若い女性に集中していることに、マサチューセッツ総合病院の医師たちは驚き、原因の調査に乗り出した。すると、どの女性もタンポンを使ったり膣洗浄をしたりはしておらず、性行為の経験を告げたのはひとりだけで、だれも避妊薬を飲んでいなかった。この事実により、アーサー・ハーブストを筆頭に懸念する医師たちは、そうした患者の出生記録を引き出してくる羽目になった。それで何がわかったか？　七人のケースすべてに共通するひとつの特徴が浮かび上がった。女性たちの母親は皆、妊娠中にジエチルスチルベストロール（ＤＥＳ）を投与されていたのだ。同様の八番目のケースも、ボストンにある別の病院で見つかった。[33]

ジエチルスチルベストロールが差異の鍵を握っているのかどうかをさらに調べるため、研究者はそれぞれのケースを、生まれた日付と病院が同じほかの四人の女性と比べた。すべての記録から引き出した情報はほかにもあり、たとえば出生時の体重、月経の始まった年齢、妊娠の合併症、妊娠中に使用したほかの薬、女性と母親の小児期の病歴、扁桃腺摘出の経験、家のペット、喫煙の有無、親の職業と学歴、女性や母親の化粧品の使用状況といったものになる。それでも、ひとつの要因だけが大きく違っていた。がんになった女性は全員、ジエチルスチルベストロールを服用した母親から生まれていたのである。この違いがランダムに生じる確率を見積もると、〇・〇〇一％だった（ほとんどの科学者は、関連が有意でさらなる調査や懸念に値すると考える下限を、五％と認めている）。いまやよく知られているこのＤＥＳ研究の結果は、一九七一年に『ニュー・イングランド・ジャーナル・オブ・メディシン』に発表された。これは今なお大きな節目と言え、内分泌攪乱物質について現在わかっていることがらの多くの土台となっている。ジエチルスチルベストロールを服用した母親から生まれた子どもは、「**DESベイビー**」と呼ばれるようになった。

このような結果は、臨床的に顕著な量の合成エストロゲンに意図的にさらされた集団で得られたものだが、それにより、合成エストロゲンに対するはるかに低レベルの曝露についても懸念が生じた。DESは、結果的にその珍しいがんにならなかった女子にも影響を及ぼしていることが、のちにわかったのである。今では、DESへの曝露が乳がん、不妊、流産、子宮外妊娠と関連していることが知られている。[34・35・36・37] 男子もDESの影響を受けなかったわけではなく、いわゆる「DES息子」にはある種の先天異常が生じたり、精巣から精子を運ぶ管に非がん性の嚢胞《のうほう》ができたりすることが明らかになった。[38] 現在おこなわれている研究からも、出生前曝露から数十年経って肥満や心血管系のリスクへの影響が示唆されている。[39]

「DES孫」の研究では、DES曝露を受けた女性から生まれた男子の生殖機能への影響、とくに尿道下裂という、修復手術が必要なこともある尿道口の位置ずれが報告されてきている。[40] のちほど内分泌攪乱物質と尿道下裂について詳しく語るが、こうした結果から、内分泌攪乱物質が引き金となり、孫や曽孫までもその曝露の悪影響を受けるような（遺伝コードそのものは変えない）遺伝子発現の変化が起こるという大きな懸念が生じる。私たちは今、エピゲノム〔訳注／ゲノムに対する後天的な化学修飾によって規定される遺伝情報〕と呼ばれるものの上っ面をなでているにすぎないが、この先数十年――それ以上ではないにしても――影響するかもしれない低レベルの環境曝露が将来もたらす結果について、実験室での研究は大きな懸念を提起しているのである。

内分泌攪乱の時代の到来──『奪われし未来』

環境中のホルモン活性物質にかかわる問題の一般的な定義は、一九九一年にウィスコンシンでシーア・コルボーンが催したウィングスプレッド会議〔訳注／「ウィングスプレッド」はフランク・ロイド・ライトが設計した歴史的建造物〕で生まれた。世界的に有名な科学者の一団が集まって、ヒトの健康と環境にきわめて有害な影響をもたらしうる幅広い化学物質を認定したのだ。[41] まさにその場で、内分泌攪乱物質（ＥＤＣ）という言葉も初めて使われた。残念ながら、私は故シーア・コルボーンとともに働く機会には恵まれなかった。彼女は五八歳でもう孫がいたころに博士号を取得し、きわめて厳密な科学データをもとに内分泌攪乱物質を突き止めることに特化した、内分泌攪乱イクスチェンジという研究組織を立ち上げた。コルボーンが始めた調査研究は、彼女の輝かしい遺産のひとつとして今なお続けられている。[42]

同じころ、デンマーク出身の小児科医で科学者でもあったニルス・スキャケベクが、男性を対象におこなった調査から驚くべき結果をいくつか明らかにした。五〇年にわたる男性の精子数のゆゆしき減少を報告する論文を公表したのである[43]（詳しくは第5章）。この傾向は、より広く世界じゅうから集めた二〇一七年のデータによって確かめられ[44]、スキャケベクの画期的な知見を裏づけると同時に、生殖機能に対する内分泌攪乱物質の影響が今も深刻化していることを示している。

一九九六年、シーア・コルボーンとジョン・ピーターソン・マイヤーズと『ボストン・グローブ』紙の記者ダイアン・ダマノスキが、ベストセラー『奪われし未来』（長尾力訳、翔泳社）を出版した[45]。レイチェル・カーソンの著作に刺激を受けたこの本には、私たちの環境に入り込み、野生生物に危害を加え、その命を奪っている化学物質にまつわる多くの出来事が記録されている。彼らは、世界じゅうの動物が化学物質によるダメージを受けている実例と、不妊から遺伝子変異、性転換、がん、致命的な感染症、死など、さまざまな影響をもたらしている何百種類ものＥＤＣを、直接または間接的に結びつけている。その実例とは、一九四〇年代にフロリダで生殖能力のないワシが見つかり、一九五〇年代終わりにイングランドでカワウソが消え、生殖能力のない一世代のミンクが五大湖の全集団をほとんど滅ぼし、一九七〇年代にはオンタリオ湖で奇形のセグロカモメが現れ、一九九二年にスペインでスジイルカが大量に「死に絶えた」といったことである。化学物質などの汚染物質が世界じゅうの野生生物に及ぼす影響を示す複数の分析をもとに、コルボーンらは、ただひとつでなく複数のホルモン系がどのように影響を受けたのかを明らかにした。

実際、コルボーンとマイヤーズとダマノスキの本は、内分泌攪乱という言葉に広く人々の関心を集めさせた。マイヤーズは最初に、「内分泌系の多くの要素が影響を受けるという事実に対して」この言葉を使い、「またこれは、ある場合には内分泌刺激に、別の場合には拮抗作用［訳注／生体の現象に対し、反対の効果をもつふたつの要因が対抗して働くこと］反応に関与しており、その結果が発生・成長を大いに攪乱することは間違いない」とした。彼らはまた、気候の攪乱（気候変動）と内分泌攪乱の共通点も突き止めた。いくつもの要因が大きな系に干渉し、さまざまな攪乱効果をもたらすという点だ。だから彼らは、「内分泌攪乱」こそ、私たちが取り組んでいる現象にふさわしい言葉ではないかと考えたわけである。野生生物への影響は、私たち人間に対する警告信号だった。当時、人間を対象とした研究は始まったばかりだったが、『奪われし未来』はＥＤＣ曝露がもたらす明白な結果の指摘で締めくくられている。人類への打撃である。

『奪われし未来』の刊行後、そこに記された科学は「誇張されている」との主張がなされ、その本の著者らの専門的な信頼性が貶められた。自分たちの製品の危険性を矮小化しようとする化学企業から出資を受けていた利益団体から、口汚い言葉が多く投げつけられたのだ。こうした反応は、内分泌攪乱の研究の最前線にいる私たちにとっても意外なものではなかった。

最前線にいる研究者たちの証言

私たちが今どんな状況にあり、すぐにどの段階に到達する必要があるかを知るために、私を含む内分泌撹乱の最前線にいる者の何人かが目にしたものを見ること――つまり、その立場で考えること――は役に立つ。私には確かに、自分たちに共通しているものがひとつあると言える。自分たちは積極的に関与しているのだ。

ピート（ピーターソン）・マイヤーズは、その身とみずからのキャリアをEDCの根絶に捧げる前は、鳥類学者として研究していた。どうしてそんなキャリアの急転換をしたのだろう？　彼はこう説明する。「私はペルーの砂浜に何度も赴き、さまざまな鳥の個体数を調査していた。するとそれらの個体数が急激に変化していた。わずか一〇年で九〇％減っていたのだ。そこで、何が起きているのか知りたくなった」。そしてさらに回想する。「一帯を調べまわるうちに、自分たちが農薬のにおいに引かれて、ある川に近づいていることに気づいた。農薬は、河原近くの灌漑地で大量に使われていた。われわれは、農薬が渡りをおこなう鳥たちの方位認識を妨げているのかもしれないと考えはじめた。その鳥たちは、ペルーの沿岸部で非繁殖期を過ごしたあと、カナダやアラスカへ渡るのだ。渡りの経路に沿ってはるか北の鳥の脳から採取したサンプルには、高濃度の農薬が含まれており、仮説と一致していた」。この発見から彼は、合成化学物質が私たちの環境に入り込み、内分泌攪乱を引き起こすプロセスに注目するようになった。

『奪われし未来』の刊行以後、さらにふたつ、大きな問題が明らかになった。ひとつは化学物質――「**肥満促進物質**《オビーソゲン》」という種類の物質――と肥満や糖尿病とのつながりで、もうひとつは（前にDESの議論で語ったように）内分泌攪乱が世代を超えて受け継がれることだ。つまり、親の体へのダメージが、子や孫だけでなく、曽孫にまで現れるという話である。研究はまだこの現象の上っ面をなではじめたところだが、ビスフェノールA（缶の内面塗装や感熱紙のレシート、歯科用シーラント〔訳注／虫歯予防に歯の溝に埋める樹脂〕に使われている）やトリブチルスズ（微生物などが船殻に張り付かないようにする化学物質）は、曝露された動物の曽孫、すなわち曝露をなくしてから三代目に肥満をもたらすことがある。

最近の会話でピートはこんなことを言っていた。「われわれが『奪われし未来』を書いてからずいぶん変化があった。そして多くのことがわかった。その後、われわれが発していたような疑問が的確だったことがわかっている。自分たちも認めていたが、当時の科学知識は不確かだった。それでも、主にわれわれの意志が研究をうながした。二〇年以上経った今、自分たちが正しかったことが明らかになっている」

にぎやかで外向的なピート・マイヤーズと違い、私の友人で科学者仲間のブルース・ブラムバーグは物静かで控えめだ。彼は発生生物学者として経験を積んでいた。実験室で多くの時間を過ごすタイプの科学者で、生物の細胞を観察し、それが時間や世代とともに変化し適応するプロセスをよく理解しようとしていたのだ。ブルースは、私に語ったとおり、「細胞の外側にあるべたべたしたもの」に関心があり、「オーファン受容体」〔訳注：機能がわかっていない受容体〕というものに魅了されていた。ある日、彼のもとに別の生物学者である友人から電話があった。「やあ、ブルース。ミネソタの奇形カエルのことを聞いたことはあるか？」

この質問がブルースを、彼の気づいていなかった新たな研究の方向へ進ませた。化学物質である。すぐに彼は、奇形のカエルなど、不気味な変異をもって現れている動物種がどれも、棲んでいる河川や湖沼、海洋に漏れ出た化学物質にさらされていたことに気づいた。そこで、二〇〇〇年代の初めに日本の科学者のグループと共同研究を始めた。当時、その日本人らは内分泌攪乱の研究に多額の資金をつぎ込んでいたのだ。彼らは、「水たまりから海まで」の水生環境に残る化学物質を調べていた。とくにトリブチルスズという化学物質は威力がきわめて強く、魚の性を変え、またわずかな量で巻貝の雌を雄にしていた。

ブルースは、とくに自分のかつての研究対象だった核ホルモン受容体に対し、トリブチルスズの影響をさらに調べだした。科学者として彼は、あくまでデータを追跡しただけで、それが導く先を明確に知っていたわけではない。この場合、行き着いた先は脂肪酸受容体だった。要するにどういうことか？　ブルースは、トリブチルスズなど、いくつかの化学物質がヒトで肥満促進物質の役目を果たしうることについて、理解の扉を開いたのだ。ブルースはこう振り返る。「ヒトでの関連がわかればたいしたものだったかもしれないが、われわれはヒトで調べたのではない。わかったのは、マウスのＰＰＡＲガンマとの関連なのだ」。この関連（ＰＰＡＲガンマはＰＰＡＲという受容体の一グループで、身体によるカロリーのやりくりに影響を及ぼしている）が、肥満促進物質仮説として現在知られるものの土台となっている。

ブルースらが次々に公表した研究結果は、ＥＤＣへの曝露が遺伝子発現のエピジェネティックな［訳注／ＤＮＡの配列は変わらずに遺伝子の発現を制御する機構をエピジェネティクスという］変更を誘発し、身体が脂肪細胞を多く作りやすくなって、やがて否応なしに体重増加と肥満をもたらすことを明らかにしていった。なぜ肥満が有害なのか？　胆嚢《たんのう》疾患、高血圧、冠動脈性心疾患、一部のがんと関係しているからだ。肥満の子どもは生涯にわたって肥満のままになりやすく、生活の質が下がり、経済機会を失うなど、負の浸透効果［訳注／次第に影響が大きくなっていくこと］に悩まされる可能性が高い。

ブルースはカリフォルニア大学アーヴァイン校に研究室をもっており、今もそこでEDCについて、またそれと動物の肥満や糖尿病とのかかわりについて、研究を続けている。本書のことで話し合うためにふたりで会ったとき、私は彼に、一般の人々に伝えたい最大のメッセージは何かと訊いた。彼は躊躇《ちゅうちょ》なくこう言った。「こうした化学物質は実際に存在し、われわれや子どもにとって危険なものだと訴えてほしい。住宅所有者組合と連携してほしい。学校とも連携してほしい。地域の母親たちは、われわれの知っていることを知れば大きな力になる」

殺虫剤とＩＱの低下

ホルモンに対する化学物質曝露の影響を把握するのに役立った重要な研究がもうひとつ、ヴァージニア（ジニー）・ラウ博士によっておこなわれている。彼女は初め、ニューヨークで貧しい都会の子どもを助けるソーシャルワーカーの仕事をしていた。「ありとあらゆる赤ん坊を見ましたよ。抱いて、観察すると、どうも気になりだしました。一九七〇年代の終わりから一九八〇年代の初めごろでしたが、急に、成長の遅い未熟児がずっと多くなりました。体が小さかったのです」

ジニーは気になったあまり、学業へ戻って疫学を学び、ライフスタイルが妊娠や胎児のストレス、出産に及ぼす影響を理解した。一九九八年、彼女は初めて資金提供を受け、コロンビア大学メールマン公衆衛生大学院のフレデリーカ・ペレラ博士らとともに、子どもを対象とした研究を始めた。その研究で最初の赤ん坊のコホート（対象者集団）は、今では二〇歳になっている。彼女の研究は、タイミングと少しばかりの幸運がこの分野で功を奏した好例と言える。二〇〇〇年、被験者となる赤ん坊を新たに集めているさなかに、環境保護局が有機リン系殺虫剤**クロルピリホス**（二〇一七年に同局長官スコット・プルイットが農業用途を禁止しない判断を下したのと同じ化学物質）の住居への使用を禁じた。当時、クロルピリホスは都市の住居で害虫を駆除するのに広く使われていたため、このタイミングの一致によって貴重な天然の実験がなされ、倫理的理由などから容易にはおこなえない、化学物質への曝露の臨床試験に近いものとなったのだ。

禁止以前、新生児では臍帯血のクロルピリホス濃度に対応して、出生時の体重と身長が低下していた。[46] つまり、曝露が赤ん坊の小ささと関係していたのである。出生時体重が低いと大いに問題になるのは、のちの生涯で認知障害や心血管障害を患いやすいからだ。ところが禁止以後、曝露のレベルが大幅に下がると、出生時体重の低下はなくなり、これは殺虫剤への曝露を防ぐのが有効であることを示していた。その後、こうした子どもが歳をとっていくと、高濃度のクロルピリホスにさらされた子どものＩＱが、場合によっては三〜五ポイント下がっていることにジニーは気づいた。[47] 前にも言ったように、三〜五ポイントのＩＱの低下には、ひとりの母親なら気づかないかもしれないが、一〇万人の子どもがそうなれば、その影響は経済全体に現れる。この効果は、有機リン系殺虫剤への曝露が子どもの認知機能の低下とかかわっていることを示すほかの研究結果とも一致している。[48・49] 社会経済的な地位や、鉛などの環境曝露のように、ほかの多くの要因を考慮しても、こうした結果は有意なものだった。

ジニーとコロンビア大学の共同研究者たちは、磁気共鳴画像法（ＭＲＩ）で七歳の子どもたちの追跡調査もした。高い曝露を受けた子どもでは、心理テストで判明した問題に対応する前頭葉・頭頂葉の萎縮が見られた。[50] もっと最近になって、彼女は高い曝露を受けた子どもに振戦（手指の震え）が現れていることにも気づいた。[51] 次の章で改めて、こうした振戦など、子どもの脳に対する影響が意味することについて話す。だがひとまず、ジニーの研究から得られた重要な結論を心にとどめておいてほしい。ＩＱの低下、振戦、認知機能の衰えと関係する主な化学物質のひとつはクロルピリホスで、環境保護局がかつて安全とみなしていた化学物質なのである。

「量によって毒になる」とはかぎらない

一九九六年以降、さまざまな経歴や専門をもつ多くの科学者が、内分泌攪乱を懸念する人々の一団に加わった。『奪われし未来』が出版されてまもなく、生殖遺伝学者で、当時オハイオ州のケース・ウェスタン・リザーブ大学の教授かつ研究員だったパット・ハント博士が、「思いがけなく毒物学者」となった。「一九九八年、私はマウスの卵子を調べて、女性が異常な卵子を生み出す原因を知ろうとしていました。異常な卵子の問題は、私たちの種に不妊をもたらし、母親が高齢になるほど大きくなります。……すべてのマウスが染色体異常の卵子をたくさんもっていました。卵子が放出される直前に起こる分裂の際に、染色体がうまく分かれないとこうなります。染色体の過不足は、一般に流産や、先天異常などの遺伝病を引き起こします。私たちは、異常の急増の原因を探り、マウスのケージと水が入ったボトルに使われていたプラスチックにたどり着きました。どうやら、ケージの素材をきれいにするのに使った床用洗剤が気づかぬうちにプラスチックを侵し、ビスフェノールA（BPA）がしみ出てしまったようなのです[52]」

パットの思いがけない発見によって、BPAは日常的な言葉となった。「当時ぎょっとしたのは、曝露後にとても速く卵子の変化が起きたことでした」。遺伝学者として彼女は、どれほど少ない投与量で自分が観察したたぐいの影響を及ぼすかという点に興味があった。これは、毒物学者がとるのとは違うアプローチだ。彼女の研究報告を読んだ毒物学者たちは、そんなに少ない量の曝露でそんなに激しく不可逆な問題が生じるとは、「自分たちの理屈では考えられない」と言った。

ふたつの大きな発見が、パットのほか、その分野の著名な科学者の研究からもたらされた。第一の発見は、食品・飲料の缶や感熱紙のレシートに広く使われている化合物ＢＰＡが、生殖器系に特有の遺伝子変異を引き起こすということだった。これについてはのちほど詳しく語ろう。第二の、おそらくもっと重要な発見（ほかの多くの研究者によって独立に裏づけられたもの）は、それまで五〇〇年間支持されていた考え方を大きく覆すことになった。

フィリップス・アウレオルス・テオフラストゥス・ボンバストゥス・フォン・ホーエンハイムは、パラケルススとしてその名を知られ、一六世紀のスイスの医師で、化学者で、占星術師だった。多くの金言や予言を残したが、最も広く引用されているのは、「すべてのものは毒であり、毒のないものはない。ただ量によって毒でないものになるのだ」という言葉だ。[53] 彼を毒物学の父とみなす人もいる。パラケルススがこう言ったのは、自分が水銀やアヘン剤を使っていることを正当化するためだったのかもしれないと指摘する人もごくわずかにいるが、この考えを思いついた当時の彼の判断は明晰だったものと考えよう。

常識的には、毒の曝露量から、直線的な関係で影響を確実に予測できるはずだ。この考えは、私たちが「なんでもほどほどに」摂取するはずだとする見方に近い。ほとんどの毒で、これは正しいことがわかっている。また、全部とは言わないがほとんどの規制が、医薬や大気汚染物質、食品包装に使われる化学物質、殺虫剤など、有害な可能性のあるさまざまなものへの曝露について、安全な量を決めるうえで、この解釈に従っていた。

ところが、内分泌攪乱の研究が急増すると、影響がパラケルススのルールに従わない化学物質を一〇以上も明らかにする研究結果が何百も現れた。マサチューセッツ大学のローラ・ヴァンデンバーグらによって、こうしたパラダイムシフト（認識の大転換）を起こす研究がまとめられた最新の結果も、もう五年前のもので、実験による証拠は今も積み上がっている。[54] このルールに反する結果が科学論文にあふれかえっているため、米国立環境保健科学研究所の当時の所長、リンダ・バーンバウム博士は、結果を説明するアプローチを考えなおす規制機関の必要性を訴えている。[55]

第一の意外な結果は、曝露レベルが低いほど影響の増し方が急激で、曝露レベルが高いほどそれが鈍そうだということである。これを「**非線形性**」という。何人もの研究者が、鉛、メチル水銀、有機リン系殺虫剤、臭素化難燃剤が脳の発達に及ぼす影響の非線形性を個別に見出している。[56] パラケルススには、ホルモンの複雑な分子生物学の知識など利用できなかった。典型的なホルモン反応曲線はシグモイド、すなわちS字形の関数になる。「高い親和性をもつ受容体」があるからだ。わずかな天然のホルモンがそうした受容体に結合するだけで、重大な生物学的結果をもたらす。同じことはＥＤＣについても言え、それは必ずしも脳に見つかるとはかぎらない。たとえば二〇一二年、私は何人かの研究者仲間とともに、子どもの尿中のＢＰＡ濃度と肥満との非線形的な関係を見出している。[57]

だが、第二の――パラケルススにさえ、いっそう理解しがたいかもしれない――異常は、ホルモンがU字形の、つまり「非単調」な曲線をたどり、非常に高い曝露量では中程度の量よりも影響が小さくなるように見えるという事実である。これは非線形性とは違う。[58] 非単調性の場合、影響は低レベルで急速に蓄積され、はるかに高いレベルになると急速に減少する。その最初の証拠は前立腺で得られ、ミズーリ大学のフレッド・フォム・サールが、低レベルのＤＥＳでマウスの前立腺の重量が増す一方、高レベルのＤＥＳでもその重量に変化は見られないことに気づいた。[59] ローラ・ヴァンデンバーグらは、一八のＥＤＣについて、ＢＰＡや、トウモロコシで広く使われている除草剤アトラジンなど、非単調性の証拠を示す六〇〇以上の研究を見つけている。[60] やはりこの状況は、科学の誤認を払拭するのがどれほど大変かを示している。

非単調性（そう、まどろっこしい言葉だ！）が生じうるメカニズムを説明することもできる。スペインのエルチェにあるミゲル・エルナンデス大学のアンヘル・ナダルらは、BPAが膵臓《すいぞう》に及ぼす影響を調べ、U字形の関数になることを見出した。アンヘルのチームは最近になってそうなる理由を見つけている。この反応の形状は、二種類の受容体群のスイッチが、異なる曝露レベルでオンになることによる、というわけだ。

BPAが膵臓のベータ細胞に及ぼす非単調な影響は、競合するふたつの受容体が、異なるレベルの曝露で活性化されるためだと考えられる。「オン」のスイッチはエストロゲン受容体のベータ型だが、「オフ」のスイッチはアルファ型である。低レベルの曝露だとインスリンの「オン」のスイッチが活性化され、細胞へのカルシウムの流れが減速する。カルシウムの流れが減ると電気的なショックが生まれ、それによって今度はインスリン顆粒の放出が刺激される。高レベルの曝露では、別の「オフ」のスイッチが活性化され、同じ細胞にカルシウムが流れ込みやすくなり、「オン」のスイッチ（活性化されたまま）の機能の一部が打ち消されて、電気的なショックが軽減される。電気的なショックが減るとインスリンの放出も減る。こうした現象の組み合わせから、BPAとインスリン放出との、非単調で、非パラケルスス的な関係がもたらされる。曝露がゼロなら放出は最小限だが、低レベルの曝露ではインスリン放出が大幅に増え、高レベルになってもインスリンのレベルは大きく変わらないのである。

同じグラフに二種類のスイッチによる線を描き、それらの効果を足し合わせると、それまでにないようなU字形の曲線が得られる。[61] 何が言いたいか？　パラケルススが考えたのとは違い、量によって毒になるわけではないのだ。低レベルの効果は高レベルの実験から予測できない。ときには低／中レベルの効果のほうが強くなる。それとはまったく違って、高レベルのときと反対のことが起こる場合もある。それなのに、どんな規制のための試験も、高レベルでの試験によって低レベルで起こることもわかるという前提に立っている。

アンヘルとパットの得た結果は、ほかの科学者によっても裏づけられ、私たちのＥＤＣとの戦いや、こうした既知の敵から自分たちを守る政策面の仕事をする活動に大いに役立った。米国の食品医薬品局（ＦＤＡ）は二〇一二年に、哺乳びんや幼児用の蓋付きカップに対するＢＰＡの使用禁止を発令した。この動きは、「正しい方向への小さな遅い一歩」とみなされている。[62・63]

科学者は、日常的に課題に直面している。パット・ハントは、データの解釈や原因の特定との関係で陥っているジレンマについて、こう語っていた。「私たちは、皆が同じ側に立てるように、すき間を埋める手だてを見つけ出す必要があります」。当時、パットは遺伝学者としてきわめて低いレベルの曝露に注目して問題に取り組んでいたが、毒物学者は、安全なレベルの曝露を突き止める役目を課せられていたので、高いレベルに注目していた。彼女は、ＢＰＡと卵巣の変化との関係が、なんらかの混入物などの環境要素が自分の調査結果を狂わせたためではない、と胸の内でわかっていた。「この問題にずいぶん悩まされているんですよ！」とパットは苛立った様子で私に言った。なぜか？　当初彼女は、きれいなデータを手に入れられず、ＢＰＡなどの化学物質への曝露の影響がわずかな量でも生じるという現実を受け入れるよう、業界の代表を、さらには毒物学者さえも、説得できなかったからだ。

二〇一六年の時点で、米国で二八の州が、消費者製品に含まれる合成化学物質を制限する法規を検討中か、すでに成立させていた。[64] こうした州の動きにうながされて化学業界は、環境保護を訴える人々や議員と協力し、環境保護局による化学物質の調査・評価のルールを決める重要な法の改正に同意した。米国化学工業協会が事実上法案を作成している、と上院議員のバーバラ・ボクサーが非難したこともあった。[65] それが本当かどうかはともかく、二〇一六年にオバマ大統領が署名して成立した法改正には、業界がかなり影響を及ぼしていた。[66] 多くの人はこの新たな法の施行が業界に台無しにされたと主張したが、科学者の大きなコミュニティーによるきわめて入念で熱心な仕事がなければ、そもそも人々を守るアクションを進める科学的なデータはなかったはずなのである。

お粗末なCLARITY

ここで、本書の要点――人類すべて、とくに子どもの健康と福祉に化学物質がひそかに及ぼす危険――を裏づけるのに使っている科学研究と、証拠をないがしろにしようとするさまざまなグループや個人との緊張関係に目を向けてもらいたい。その一例は、哺乳びんや幼児用の蓋付きカップの製造への使用が禁じられた化学物質BPAにかかわるものだ。そうして禁止されてもなお、とくに野菜や炭酸飲料、豆、ビールなどの缶の内面塗装にBPAは使われている。BPAの研究は、大きな科学的議論を引き起こした。これを書いている今、食品医薬品局（FDA）は、BPA曝露がとりわけ食品汚染物質として問題だとする考えに反対する、CLARITYというBPA大規模調査の結果を公表した。FDAと業界による調査結果は、BPAが問題ではないとする見方を示しているが、学術研究からはきわめて深刻な懸念が生じている。一方でFDAと業界は、学術研究は優良試験所基準（GLP）を用いていないため、考慮に値しないのではないかと言っている。優良な基準と言えば聞こえがいいのではないか？　だが皮肉なことに、GLPは、企業の研究所や業務委託された研究所が化学物質の毒性データを偽っていたことがわかったあとにできたものだった。学術機関の研究所には、そもそも化学物質の毒性データを偽る理由がなく、GLPにかかわる煩雑な手続きのあれこれに従うだけの資金をもつところは少ない。その代わりに彼らは、自分たちの結果を独立に再現して科学的な妥当性と信頼性を確保している。

CLARITY調査は、FDAと業界と学界がBPAの影響について同じ土俵に上がり、あいまいとされていた議論に明確さ（clarity）をもたらす手だてになると期待されていた。マサチューセッツ大学のトム・ゼラーなどの学者たちは、先入観を捨て、曝露させない動物に対しては汚染を防ぐなど、GLPを用いたいくつかの研究で確かめられている最良の科学的基準にFDAが従うはずだという強い信念をもって、この調査に加わった。しかし、あいにくGLPを用いた研究にも欠点が再発し、FDAは、専門家に吟味してもらったり、善意でFDAに協力する学界の科学者と共同で調査したりする前に、結果の報告を公表する決断をしてしまった。トムは、この分野では経験豊かで沈着冷静なリーダーだ――EDCとそれが脳に及ぼす影響について語る第3章で、彼のことは詳しく話そう。それでも彼は、批判をためらわず、業界の影響で「現代科学が化学物質の安全性の決定から締め出された」と指摘した。[67]

ＦＤＡは、いくつか生物学にかんする非常に古くて疑わしい前提をもとに、ＢＰＡが安全である可能性を示している。たとえばマウスの子宮の重量に対するＢＰＡの影響がないことを示唆するテストを挙げて、女性の生殖系に対する影響はないと主張しているのだ。マウスの子宮の重量はヒトの健康にとって何も意味しないことに留意してもらいたい。これはまた、幼いころに受けた曝露が生殖系の発達において大きな変化の引き金を引き、子宮内膜症をはじめ、いくつかのタイプの不妊につながるのだとしたら、きわめてお粗末な検証の方法でもある。ＦＤＡは、非単調性の可能性も否定していた。化学物質が量の増加とともに影響を増すとはかぎらないという可能性だ。ときには、影響が増してから減ることもある。ＦＤＡ自身のＣＬＡＲＩＴＹのデータからも、きわめて低いレベルの曝露で影響があることがうかがえる。その影響は高レベルの曝露では消え失せるが、ＦＤＡは、曝露と反応について自分たちが期待する法則に従っていないために、影響を否定しているのである。低レベルの曝露での影響が高レベルで消える理由を知るには、化学物質の影響を受けるさまざまな酵素と受容体について、より深い理解が必要になる。非単調性の理由は、内分泌学の基本原理に根ざしている。ＦＤＡがその原理を理解していないか、ひょっとすると相手にしたくないのかもしれないようにも思える。

ＢＰＡにかんするほかのＦＤＡの調査に対しても、私は長らく懸念を抱いている。ヒトを対象としたもので私が目を通したある調査は、人々に二四時間の尿をすべて集めさせ、排出したＢＰＡの総量を計測していた。ＦＤＡは、自分たちが突き止めたきわめて低いレベルのＢＰＡを根拠に、人体におけるＢＰＡの代謝について、物議を醸す見方のひとつを支持していた。だが、被験者ひとりあたり、一日の平均的な尿産生量が六リットルとあるのを見て、私の目玉は飛び出しそうになった。[68] 平均的な成人の尿の量は、二四時間あたり一リットル未満から二リットルだ。これはＦＤＡの科学研究のために大量に水を飲んでいたということであり、被験者が調査中に安眠できたのかどうか私は心配してしまう！　尿中のＢＰＡがごく低レベルである事実について、きわめて率直に別の解釈をすれば、莫大な尿排出量によってＢＰＡ濃度が薄まったということになる。少なくとも、尿排出量が多すぎると、独立した立場の学者による調査と矛盾する調査結果への解釈に疑いが生じるわけである。

　さらに、ＣＬＡＲＩＴＹの全体的な目的は、そもそも学術研究と業界の研究のあいだになぜ違いが見られるのかを明らかにすることなのに、ＦＤＡは学界のデータを待たずにＣＬＡＲＩＴＹの結果を公表する決断をした。ここで、独立した立場の研究者は、国立衛生研究所（ＮＩＨ）から研究の資金を得る前に厳しい審査を受けているとだけ言えばもう十分だろう。ＧＬＰは確たる結果の要件ではないし、学界の研究はＧＬＰのお墨付きがないというだけで否定されるべきではない。学界の研究者は、自分が出した論文が科学雑誌に公表される前に、査読を受け、当該分野の研究者からの良い批判や悪い批判、不快な批判も受け入れる。厳密な科学研究はどれも、人々を――業界からさえも――守る決断のために喜んで受け入れられるはずだが、FDAと欧州食品安全機関は、GLPに従う研究だけが許されるという、多くの優れた科学研究をはじき出す見方を示していた。[69]

この「フェイクニュース」の時代において、私たちは、ニュースで耳にするような科学にひそむ利害の衝突を注意深くとらえる必要がある。報道記者は、この点で学者と業界と政府のすべてに等しく説明責任をもたせてほしい。多くの記者は、論文を熱心に調べ、ともすれば査読する科学者も見落としていそうな厳しい質問をする。私は、記者と話すときにこのような議論を楽しんでいる。日ごろから、発表する論文原稿を書く前に、自分自身のデータを独立したやり方で何度も分析しなおすように主張しているからだ。だが残念ながらメディアは、科学者が結果を色眼鏡で見たがる点を暴き出すという立派な仕事を必ずしもしてくれるとはかぎらない。

体内負荷量――それはあなた次第

私がまだこの道に進んでまもないころ、CNNの特番シリーズ『プラネット・イン・ペリル』でアンダーソン・クーパーに協力する機会に恵まれた。このテレビ・ジャーナリストは、私たちのなかにひそむ化学物質や、その病気とのつながりに気づきはじめていた。自分自身を化学物質にさらすテストは、今でもふつうにおこなわれてはいないし、率直に言ってだれにもお勧めできない。ほとんどの臨床検査では、学術研究において日常的におこなわれているレベルの精密さで微量の環境化学物質を測定することはない。のちほどわかるが、学術研究による精密なデータは、そのような化学物質による疾病の及ぼす負荷や、政策の変化がもたらす曝露状況の変化を追跡するうえで、とくに欠かせないものとなりうる。

アンダーソンは、自分で実験をすることにした。ニューヨーク市の研究室へ赴いて私と会い、「体内負荷量テスト」というものを受けたのだ。彼は、ある家族に興味を引かれていた。三年前に同じようなテストを受けていたオランダの家族だ。三七歳の父親エレミアは、それまでに耳にしていた有害物質のどれかが自分の体内に存在しているのかどうか、知りたくなった。調べた結果、実際に存在していたのだが、なにより驚いたのは、子どものひとりローワン（生後わずか一八か月）に、両親の七倍の量が見つかったことだった。そこでアンダーソンは、当時検出できた二四六の化学物質のうち、どれだけが自分の血液や尿に見つかるのかを知ろうとしたのである。

私たちは、DDTなど、一〇〇を超える化学物質を検出可能なレベルで見つけた。アンダーソンは、DDTについては前にアフリカへ行ったせいだと考えた。今でもサハラ以南のアフリカでは、風土病であるマラリアを媒介する蚊にほかの殺虫剤が効かないので、まだDDTを使っている場所があるのだ（アフリカへ行ったことのない米国人の体内にもDDTは見つかる。この化学物質は環境に非常にしつこく残るからだ）。

アンダーソンの検査結果は、ローションや化粧品、デオドラントへの使用が知られている一部のフタル酸エステルについて、きわめて高レベルの曝露を受けていることも示していた。私たちは、その結果を、疾病対策センターが米国人の代表的なサンプルから定期的に集めている生体サンプルについて、最近手に入れたばかりのデータと比較した。アンダーソンのフタル酸モノブチルのレベルは、米国人口の九五パーセンタイル〔訳注／九五パーセンタイルとは、「データを小さい順に並べて全体の九五％が収まる値のこと」〕を上回っていた。米国化学工業協会の代表が答えたとおり、そうした高いレベルだけでヒトの健康にとってリスクになるとはかぎらない。[70] だが、アンダーソンの尿で検出された値より低いレベルでも、子をもうけようとする夫婦の不妊と結びつくことがわかっている。比較的高齢の成人男性では、その同じレベルで、血清中のテストステロン濃度の低下ももたらしていた。テストステロン濃度の低下は、ほかの要因とは独立に、心疾患による早世と関係していた。[71] こうした結果は、人々の生命に影響するだけでなく、経済にとって大きなコストにもなる。これらの知見については第5章で詳しく語ろう。

では、私たちの現状はどうなのか？　全員に体内負荷量テストをおこない、体内の化学物質の量を突き止めるべきなのか？　また、そうして得た情報でどうすればいいのだろう？　ただ何もせず、無事に過ごせるように願うのか？　ありがたいことに、今すぐこうした高価なテストに金を使う必要はない。この先読んでいけばわかるが、あなたには選べるアクションがいくつもある。本書を通じてその選択肢に気づいてもらおうと思う。

アーサー・ハーブストらがボストンでがん患者の一群を見つけてから、化学物質についての理解は大きく進んだが、化学物質と病気のつながりについて真実を抑え込みたがる化学業界の擁護者たちは、まだ私たちに疑いの目を向けたり、こそこそ結託したりしている。次の章では、ＥＤＣの影響を慎重に粘り強く調べた熱心な科学者たちの話をしよう。私たちは、レイチェル・カーソンやシーア・コルボーンのほか、多くの人々が残したものの上に立っている。こうした科学者は、真実を探究し人々を守ることに身も心も捧げてきた。私にもはっきりわかっているが、本書が刊行されたあとも、科学は進歩を続け、今わかっていることの一部が不完全か不正確であることを明らかにするだろう。それは私たち科学者の仕事だ。自分たちの仮説の検証を重ねるのである。私たちには、さらなる害が生じるのを待つ時間はない。

XがYを引き起こす確率は？

科学者や政策立案者は、今ある証拠を比較考量し、これからの行動を決めようと奮闘してきた。気候変動をめぐる問題では、とくに議論がかなり公に繰り広げられるようになってから、この動きが目立っている。

実際、ここで挙げているような、EDCにかかわる科学的なデータを評価する研究は、「気候変動に関する政府間パネル」が考案した枠組みを土台にしている。気候変動のひとつひとつの影響と原因に対し、専門家が、証拠の有力さにもとづく透明性の高い一貫した手法を用い、確率について意見の一致を見るに至ったのである。こうした動きは、医療や科学と無関係ではない。いくつものワーキング・グループが、厳密な手法を用いて科学研究の現状を説明する、さまざまな枠組みを生み出した。[72]

ここに集めた証拠のすべては、二〇一四年に集まり、EDCの存在と、それが脳の発達や肥満、糖尿病、男女の生殖障害に及ぼす影響について評価した専門家たちの成果を記述したものだ。ほどなく、このあと続く章でそうした専門家の何人かを知ることになるが、あいにく本書には彼らの経歴や能力のすべてを伝えるだけの余地はない。

この専門家たちの成果は、『臨床内分泌学・代謝ジャーナル』や『国際男性病学ジャーナル』に掲載された六つの論文に現れている。[73・74・75・76・77・78]原注に、詳細を知りたい場合に探すべき具体的な論文を示しておく。こうした専門家は皆人間だ。人間は科学的証拠を評価する際に偏見に陥りやすいが、ここでは世界クラスの研究者たちを、能力と、スキルと、当該分野の知識によって選んだ。彼らの結論に対して議論も起こせるが、どの結論も、きわめて詳しく丁寧に語られている。彼らはまた、できるだけ正確な結果を得るために、厳密で慎重な手段を用いている。

六つの論文には、ヨーロッパにおけるEDC曝露と関係する一五の疾患について、疾病負荷とコストのことが書かれていた。私は同僚とともに、それらの研究の後追いとして、二〇一六年に『ランセット糖尿病・内分泌学』誌で、米国における同じ一五の疾患の疾病負荷とコストを報告した。こうした論文はどれも、匿名の査読者によって厳密に吟味され、私たちができるだけ堅実で、合理的で、隙のない結果を得るための新たな手段を提供してくれた。

こうした専門家たちの研究には時間の制約があったが、この分野の科学はその後急速に進歩している。私は、彼ら専門家の一団の知見をアップデートし、ほかにもあったＥＤＣの影響について新たな情報も加えたが、その際、それがはっきりわかるようにしてある。

第2部　化学物質はどのように害を及ぼすのか

3　脳と神経系への攻撃

私が新生児集中治療室でマイケルに会ったのは、小児科医の研修を始めて数か月経ったころだった。彼はやや早めの三五週で生まれた早産児で、両親にとっては初めての子だった。生まれたときは元気いっぱいで、本来なら健康な赤ん坊の育児室へ行っていたはずだったが、体重が、当時私たちの病院で採用していた限界値をわずかに下回っていたのである。ミルクを飲むのもゆっくりで、家に連れて帰れたのは一週間後だった。

その後外来で通院してくるたびに、マイケルは成長していた。それは子どもを診て、健康と不健康、正常と異常を見分ける日々のなかで、私にとっての慰めとなった。同僚の多くは、この大変さは初期研修医の年の大きな試練なのだと私に言った。マイケルは通院時の経過も順調で、妊娠期間が比較的短かったぶん、あまり大きくはないがよく成長して、私も彼の両親と良い関係を築いた。

私は初期研修医からほどなく後期研修医になり、マイケルは成長していった。一八か月の健診時に、マイケルの母親アンドレアが、新たに娘を身ごもっているという朗報を伝えてくれ、ふたりの子の主治医になってほしいと私に言った。なりたての小児科医として、私は成長する子の家族の役に立つのがとてもうれしかった。マイケルの健診の際にアンドレアは、友人の何人か――プレイグループ［訳注／親が乳幼児を集めて遊ばせる自主保育のグループ］のほかの母親たち――が、マイケルはどうも同じ歳のほかの子ほど交流しないことに気づいたという話を、ほとんどついでのように語った。

マイケルの検査を始めてみると、彼は人と目を合わせないように見えた。初めは、私が前の晩に当直だったのであとから自分の判断を振り返り、考えすぎなのかもしれないと思った。私はアンドレアに、マイケルの行動と気質についていくつか新たに質問した。すると、マイケルが使う単語は一五か月までに二、三個だったが、今は八つほどになっているとわかった。これを知って少しほっとしたが、それでも私は、まだマイケルの脳の発達が遅れている可能性を心配していた。これらは、自閉症などの発達障害の初期の兆しかもしれなかったのだ。

言語療法や作業療法などの治療介入により、早期にサポートをおこなえば、発達遅延のある子どもの長期的な経過を――その子が確実に発達障害と診断されようがされまいが

——改善できることがわかっている。私自身が、そうした治療介入が良い効果をもたらしうることを示す好例だ。乳児のころ、私は少なくともふたつ、発熱を伴う病気に罹り、その熱が短い痙攣《けいれん》発作も起こした。だが今では、周産期共同研究プロジェクトから、その種の発作が長期的な障害を引き起こすことはないとわかっている。[79] 私の場合、そうした痙攣発作の直後、話すことをやめた。今でも、マンハッタンのもう閉鎖されたセント・ヴィンセント病院で言語療法のセッションがあったのを、ありありと覚えている。幸い、妻子も同僚も友人も、私が今はそんなに言葉に詰まらないと証明してくれるだろう。だが残念ながらマイケルの場合、結局自分に与えられた試練から完全には逃れられなかった。

脳機能障害のややこしさ

現在、米国には幸い、一九八六年の個別障害者教育法（ＩＤＥＡ）にもとづき連邦政府が支援する、早期治療介入のためのプログラムがある。このプログラムによる初期診断は、小児科医などの保健医療提供者から紹介された家族なら自由に受けられ、親たちは無料で診断を依頼できる。早期治療介入をおこなうのは、作業療法士やソーシャルワーカーなど、外来診療で多忙な小児科医よりも注意深く発達の定期診断をおこなえるスタッフだ。

IDEAによって、未就学児童が、長期的な経過を改善できる治療や支援を受けられるのである。

マイケルの場合、私は、いずれ彼が自閉症スペクトラム障害と診断されるのではないかと懸念していたが、まだ確信はなかった。成長するにつれ、初期に発達が遅れていた子どもの一部は、遅れを取り戻して学校でうまくやっていき、一般的な子どもと変わらないように見えることもあるからだ。

私はマイケルが二歳になった直後に研修を終え、ボストンを出てワシントンDCで働き、やがてニューヨーク市へ移った。マイケルの詳しい病歴までは追っていないが、私は何年か彼の家族と連絡をとりつづけたので、献身的な家族と多くの専門分野にわたるケアチームのおかげで、その後の診断では、彼は正常な範囲のIQをもつ自閉症とされている。マイケルを「高機能自閉症」と診断する人もいるだろうが、この病名はまだ物議をかもしている。一般に、こうした子どもは将来、依然として社会的適応が困難で、計画的運動を必要とするタスク（字を書くなど）も不得手だと予想できても、いわゆる「神経学的機能が正常な」子どもから外れているとは言い切れないのだ。

私が医療を学んでいたころを振り返ると、マイケルの症候は当時は珍しかったことに気づく。しかし一八年後の今、このような話ははるかに多くなっている。二〇〇〇年には、自閉症の診断は、子ども二五〇人にひとりの割合で下されている。さらに今日では、子どもの五九人にひとりが自閉症スペクトラム障害と推定されている。男子に限ると、その割合はもっと高くなって、三七人にひとりだ。[80]

現在手に入る科学的データからは、ほかの神経発達障害の増加もうかがえる。米国では、二〇一一年に学童の一一%が注意欠陥・多動性障害（ＡＤＨＤ）と診断されている。二〇〇三年には七・八%、二〇〇七年には九・五%だった。[81] こうした増加の一部は診断技術の変化に原因をたどれるが、それだけで増加のすべてを説明するのは難しい。

マイケルの自閉症は、ＥＤＣへの曝露が直接引き起こしたと言えるのだろうか？　いや、そうは言えない。どんな病気や障害も、とくに脳に影響を及ぼすものは、原因がひとつということはめったにないし、マイケルのような場合の因果関係は、多くの要因によって複雑になっている。遺伝的な素質はあるのだろうか？　そんなことをほのめかす家族歴はない。自閉症の子はひとりひとり違っており、それはきっと脳のなかで異なる部位が影響を受けるためなのだろう。たとえば、自閉症の子の多くはＡＤＨＤとも診断されている。また、マイケルのＩＱは正常な範囲にあるが、自閉症の子の一部はかなりの認知障害ももつ。研究の観点に立てば、少しずつ異なる障害をもつ子どもをひとまとめにすると、脳の特定部位への影響をもたらす共通のシグナルや曝露を見つけるのが難しくなる。胸の内で私は、彼の自閉症の原因が少なくとも一部はＥＤＣだと思っているが、ＥＤＣへの曝露による化学的な痕跡は見つかる可能性が低いだろう。これが、多くのＥＤＣのもつ「当て逃げ」効果だ。危害を及ぼしてから、すぐに体外へ出ていき、場合によっては一、二日でその化学物質の半分が消えてしまうのだが、影響は生涯続くことがある。

自閉症などの脳障害の現れ方にはあいまいさがあるため、科学者は、ＥＤＣと認知障害を結びつけるもっと測定しやすい手だてをほかに考え出した。その認知障害には、小児科の外来では見つけられないかすかな障害から、長期にわたる行動面・教育面などのサポートを必要とする臨床的に有意な障害まである。男女の性ホルモンは脳の発達に役立っているが、ＥＤＣが脳に悪影響を及ぼすことを示す最大の証拠は、甲状腺ホルモンの機能障害との関連で見つかっている。たとえば妊娠中の母親の甲状腺がほんのわずかでも機能障害を起こすと、胎児の脳の発達が阻まれるおそれがあるのだ。

甲状腺ホルモンは、成長に影響するものとして一番よく知られているかもしれないが、胎児や乳幼児の成長時に脳細胞（とくに、電気的なシグナルを送る細胞「ニューロン」と、脳の構造を維持する「グリア細胞」）が発達するために欠かせないシグナルにもなる。このホルモンは、脳のなかで、複雑な思考、意思決定、社会的行動の管理（前頭前皮質の役目）、協調運動（小脳の役目）を担う重要な部位を発達させるのだ。[82] 甲状腺ホルモンはまた、脳細胞が土台を築くきっかけを与え、脳をきちんと発生・発達させもする。脳を地下鉄網や鉄道網と考えよう。甲状腺ホルモンから適切な刺激がなければ、線路はきちんとつながらない。これで電車を走らせると、自閉症やＡＤＨＤ、そのほかの認知異常といった脱線を間違いなく起こしてしまうのである。

どの小児科医も、新生児にとって甲状腺ホルモンは重要だと言うだろう。過去半世紀の米国で、予防医学における大きな成果のひとつは、新生児スクリーニング検査の制度だ。この検査では、乳児のかかとをわずかに切って血液サンプルを採取し、州の公衆衛生研究所に送る。

ロバート・ガスリー博士は、五〇年ほど前に新生児スクリーニングプログラムを考案した。今日、鎌状赤血球症、一部のタイプの嚢胞性線維症、先天性甲状腺機能低下症など、四〇を超える疾患について、日常的に新生児のスクリーニング検査がおこなわれている。先天性甲状腺機能低下症は、十分に治療できる疾患で、新生児一二〇〇〜二五〇〇人にひとりの割合で起こると見積もられている。[83] 甲状腺がなかったり、うまく発達しなかったりすると、この病気になる。早いうちに治療しないと、この病気をもつ子どもは重度の知的障害を示すようになる。

一〇年か、ひょっとしたら一五年ほど前まで、母親の甲状腺ホルモンのレベルは、赤ん坊の脳の発達にとっては問題にならないと考えられていた。ひとつには、甲状腺ホルモンが胎盤を通過できないと推定されていたからだ。ところが、スペインの内分泌学者、故ガブリエラ・モレアレ・デ・エスコバルのおこなった一連の研究によって、出生前の甲状腺機能障害に対する一般の考えが変わり、甲状腺ホルモンが実は胎盤を通過することが明らかになった。化学者としての教育を受けていた彼女は、当時甲状腺腫を研究していた夫である医師の強い要望で、ヨウ素レベルの測定をおこなった。この経験をきっかけに、彼女は甲状腺研究に学者人生のすべてを捧げるようになる。動物を対象とした彼女の研究は、出生前の甲状腺ホルモンの欠乏が、先天性甲状腺機能低下症がもたらすのと同じような影響を脳にもたらすことを明らかにした[84]。一九九九年に『ニュー・イングランド・ジャーナル・オブ・メディシン』に掲載されたメイン州の子どもの研究でも、甲状腺ホルモンのレベルが臨床的に有意に低い母親から生まれた子どもに、認知障害が見つかっている[85]。

　母親の甲状腺ホルモン産生が必要なのは、胎児の甲状腺が妊娠中期の中ごろ（妊娠一八〜二〇週）までは十分に機能していないからだ。最近の研究はどれも驚くほど一致して、甲状腺ホルモンのわずかな変化から生じる幅広い影響を、妊婦の診断で臨床的に正常とされる範囲内ではあるが報告している。米国では一五％もの妊婦で、甲状腺ホルモンのレベルは正常だが甲状腺刺激ホルモンのレベルが上昇しており[86・87]、これは、活性化した甲状腺が胎児の求めに応じて不足分を補おうとしていることを示している。この「無症候性甲状腺機能低下症」という複合的な影響には、ＩＱのわずかな変化や、臨床的に有意な程度の自閉症とＡＤＨＤも含まれる。[88]振り返ってみれば、この複合的な要因が、マイケルの自閉症をもたらした「脱線」の大きな発端となったのかもしれない。

甲状腺の問題に対処する

脳障害を防ぐ必要に迫られて、無症候性甲状腺機能低下症の妊婦に足りないものを補う研究に拍車がかかった。二〇一七年、『ニュー・イングランド・ジャーナル・オブ・メディシン』に、そうした母親に対するレボチロキシン（甲状腺ホルモン）補充の効果を調べた、ランダム化比較試験の結果が公表された。しかし、この研究からは、子どもが五歳になったときの認知機能にもたらすメリットは何も明らかにならなかった。[89]研究者たちは、一部の研究によれば無症候性甲状腺機能低下症と早産のあいだに関係があるとして、早産がいくらか改善される望みを抱いていたが、流産についても早産についても何も変わらなかったのだ。

こうした否定的な結果に対してはほかに考えられる説明がいくつかある。だから、甲状腺ホルモンの追加投与をもっと厳密に、あるいはもっと早くからおこなえば、最終的に一部の赤ん坊の脳が良好な発達を示すのかどうかは、まだはっきりとは言えない。このような研究の解釈をややこしくする一因は、妊娠中の甲状腺ホルモンが多すぎると赤ん坊に悪影響を及ぼすこともあるという事実だ。研究において一部の母親は多く投与されすぎて、結果が狂ってしまったかもしれない。別のたとえを持ち出そう。少しずつ調子の外《はず》れたバイオリンかギターをたくさん用意する。調律に必要な調整は皆同じではない。すべてを同じだけ調整したら、音程が合うものもあれば、少し外れるものもあるだろう。同じことは、甲状腺の問題に対処する際にも言える。甲状腺ホルモン追加投与については、産科のコミュニティーでもまだ議論がある。私が勤務していたある病院では、産科医が無症候性甲状腺機能低下症の母親を選別し、追加投与をおこなっているが、別の病院ではそれをおこなっていない。まだしばらく状況を見守ってもらいたいが、とりあえず一番大切なメッセージは、「妊娠の前に検査を受けるようにうながすなどして、まずは母親の甲状腺がうまく働きつづけるために医師ができることをする」ではなかろうか。

ヨウ素不足は、今でも甲状腺機能不全の最大の原因だが、要因はほかにもある。全身性エリテマトーデスなどの自己免疫疾患に罹った女性は、甲状腺の機能が低下していることがあり、ＥＤＣへの曝露も甲状腺機能を攪乱することが明らかになっている。実験室での研究からは、そうした化学物質への曝露が、食事で摂取するヨウ素の不足や甲状腺ホルモンの減少がもたらすのと同じタイプの細胞や構造を脳内に生み出すこともわかった。「原因」をどれかひとつに絞り込むのは難しいのだ。

子どもの認知機能を減退させるとわかっているいくつかの甲状腺撹乱物質が、米国では使用を禁じられていると知れば安心するだろう。**ポリ塩化ビフェニル（PCB）**は変圧器などの装置に使われていたが、一九七七年に米国内で禁止された。そして二〇〇一年、ストックホルム条約でその使用と販売が全世界で禁止された。[90] 現在、米国民におけるPCBの体内濃度は低下の一途をたどっており、疾病対策センターによるバイオモニタリング調査〔訳注／尿や血液などを調べて化学物質の曝露レベルを評価すること〕の結果は顕著な低下を示している。そうは言っても、PCBは土壌や水生生物や人体にとりわけ残りやすい化学物質なのである。

こうした化学物質が長く尾を引いて残留することは、ある画期的な研究で明らかになっている。一九九七年、PCBが禁止されてから二〇年後に、ミシガン州にあるウェイン州立大学のジョーゼフ・ジェイコブソンとサンドラ・ジェイコブソンが、五大湖の汚染された魚を食べた母親から生まれた子どもたちのあいだの違いを丹念に記録した。きわめて高い曝露を受けた子どもは、そうでない子に比べて三倍、IQスコアの平均が低くなりやすく、読解力は少なくとも二年遅れやすかった。[91] ここ一〇年で動物の研究から、ＰＣＢ曝露が、脳の発達のさなかに皮質のしかるべき場所へ向かうニューロンの動きを撹乱することが判明した。[92] 細胞も甲状腺ホルモンに対して本来と違う反応を示し、脳の各部位は十分に発達しないままで、学習や行動に最適な構造にならないのだ。[93・94]

これらのヒトでの研究が、ＥＤＣが甲状腺の機能に悪影響を及ぼし、ひいては脳の機能障害をもたらすことをどれほど十分に裏づけているかをめぐっては、まだいくらか議論がある。サー・オースティン・ブラッドフォード・ヒルは、因果関係の絶対的な閾値《いきち》はないと言っている。[95] だが、こんな自問をすることもできる。「ＥＤＣが脳障害や認知機能の低下に対してなんらかの役目を果たしているという関連性を確信するには、どれだけの証拠が必要なのか？」ＰＣＢの場合、一九七〇年代の医師は政策立案者を説き伏せてその化学物質の使用を禁止させることができた。なぜか？　それは明らかに発がん物質でもあるからだ。

私たちはロシアン・ルーレットをしているようにも思える。殺虫剤や難燃剤に含まれる化学物質が、痙攣発作や振戦、ＩＱの低下、ＡＤＨＤ、とくにマイケルが患ったような自閉症と関係している可能性があるというのに、なぜそんな運試しをするのか？

殺虫剤が脳を攻撃する仕組み

殺虫剤は、ずいぶん前からある。有機リン酸エステルなどの化学物質は、第二次世界大戦中に化学兵器として開発されたが、その後、害虫や齧歯類《げっしるい》、雑草、さらには微生物の駆除にまで使われるようになった。連邦殺虫剤・殺真菌剤・殺鼠剤法（FIFRA）で殺虫剤は、「任意の害虫・有害小動物を殺したり、追い払ったり、その害を防いだり減らしたりすることを目的とした任意の物質または混合物」と定義されている。[96]

レイチェル・カーソンが初めてその危険性に光を当ててから五〇年も経って、なぜまだ非常に多くの殺虫剤が使われ、作られているのか？　農業や家庭で害虫・有害小動物を駆除する必要があることのほかに、殺虫剤の使用を正当化する大きな要因は、ヒトの脳が齧歯類の脳に比べてダメージを受けにくいとする説にあった。少なくともこれは、クロルピリホスなどの有機リン系殺虫剤の使用を支持する論拠となっていた。ここでジニー・ラウとコロンビア大学の共同研究者らの研究が思い出される。はるか昔の一九四〇年代からかなり最近まで科学者は、彼女の調べた子どもから見つかっていた有機リン酸エステルが、アセチルコリンエステラーゼという酵素を阻害していると考えていた。アセチルコリンを酢酸とコリンに分解する酵素だ。アセチルコリンエステラーゼが有機リン系殺虫剤によって阻害されると、有機リン酸エステルが神経細胞すなわちニューロンのシグナル伝達を中断できなくする。[97] 齧歯類の脳はヒトの脳よりも感受性が高く、だからこうした殺虫剤は当初懸念もなしに広く導入された。量によって毒になるというパラケルススの世界では、高レベルの曝露では確かに毒だが、低レベルでは少なくともヒトには毒でないように思われたのである。

大きな転機は、きわめて低い曝露レベルで、有機リン酸エステルの影響がほかにあると研究者たちが気づいたときに訪れた。この化学物質は、実験室での研究で、アセチルコリンエステラーゼを阻害せずに動物の脳に悪影響を及ぼすことがわかったのだ。[98] さらに別の研究では、ある種の殺虫剤が動物の甲状腺ホルモンに及ぼす影響が、アセチルコリンエステラーゼを阻害する影響よりもはるかに低い曝露レベルで現れることも明らかになった。[99] このふたつの結果が恐ろしい事実を示すこともわかった。そうした低い曝露レベルが、ヒトでとくに一般的に検出されているレベルとほぼ一致していることが判明したのだ。そしてさらに気がかりなことに、研究者たちは、動物における甲状腺ホルモン攪乱のタイミングを、脳、とりわけ皮質が発達するピークの時期と結びつけた。[100] 確かにあくまで動物での研究ではあるが、古くから、ヒトの脳の発達における重要な時期は、動物のモデルによって理解されてきた。そして、殺虫剤への低レベルの曝露がヒトには安全のようだという仮定の全体的な根拠には、致命的な欠陥があることがわかった。だから、この研究分野を大混乱に陥れたのだ。

動物実験で突き止めた結果を間違いないと立証し、その結果や影響がヒトにも当てはまるかを確かめるには、かなりの時間がかかる。なぜか？　ヒトの寿命が実験動物よりも長いためにほかならない。マイケルに実際に発達障害があるかどうか確かめるのに時間がかかったように、研究者はふつう、子どもが少なくとも四～七歳になるまで待たないと、妊娠中の化学物質への曝露がＩＱに及ぼす影響を見つけ出せない。それに、実験室の研究でそれらしき結果が公表されたとたんに、ヒトでの研究への資金が得られると考えるのは、あまりに虫が良すぎる。ヒトでの研究の前に資金援助を求める時間がいくらかかかるのだ。またあとで、統計解析と結果の議論をおこない、論文を作成し、厳しい査読をくぐり抜ける時間も加わる。これで、実験室での研究とヒトでの研究のあいだに、えてしてかなりのタイムラグがあるわけがわかるだろう。

本書の冒頭で触れたＥＤＣ疾病負荷ワーキング・グループは、いくつかのサブグループに分かれており、そのひとつはとくに脳の発達への影響に注目していた。二〇一四年に私が呼び集めた神経発達研究の専門家たちは、慎重におこなわれたヒトでの長期的研究を三つ精査した。ひとつはコロンビア大学のジニー・ラウのチームがおこない、ひとつはニューヨーク市でおこなわれ、もうひとつはカリフォルニアの農場労働者のコミュニティーを対象にしたものだった。[101] 彼らは皆、次のような同じ解釈を示した。妊娠中にこうした殺虫剤への曝露が増すほど子どものＩＱは低下し、問題は、どれだけ下がるかという点に集約される。データは、殺虫剤の曝露レベルが一〇倍になるごとに、ＩＱは一・四〜五・六ポイント下がることを示していた。[102]

ジニーの研究は、第2章で語ったように、被験者を集めているさなかに政策の変化があったため、とくに重要だった。殺虫剤クロルピリホスの家庭での使用が禁じられたため、曝露レベルが低くなったのだ。禁止前に生まれた子どもは、出生時体重が比較的軽く、身長も低かったが、この影響は、禁止後に生まれた子どもには見られなかった。出生時体重と身長の測定値からは、のちの脳の発達が明確に予測できる。実際『米国科学アカデミー紀要』で、ジニーのチームは、高レベルの曝露を受けた七歳児の脳に見られた驚くべき違いを公表した。[103] 前頭葉と頭頂葉の縮小が、心理テストで判明した障害と対応していたのだ。自閉症のマイケルのＭＲＩでもそんな変化が見られていたのだろうか？　確かなことはもうわからないだろうが、それは間違いなくありうる。

もちろん、倫理上の理由から、殺虫剤への曝露のランダム化比較試験はおこなえない。

化学物質の危害については、ヒトを対象にして、日常生活でたまたまさらされたレベルの殺虫剤が健康に及ぼす影響を調べる研究に頼るほかない。さらに厄介なのは、曝露と影響の関係が直線状にはならないことだ。またそのつながりは、それだけで因果関係を証明できるようなものではない。しかし、こうしたいわゆる観察研究が（ほかの多くの要因をコントロールできる）動物実験の結果と一致すれば、ふたつを考え合わせて、潜在的な因果関係を読み取るのに非常に役立つ可能性がある。二〇一四年に私が集めた専門家は、信頼できる確たる情報源をもとに評価基準をまとめ上げ、証拠を比較検討して、出生前の有機リン系殺虫剤への曝露と、認知機能への悪影響のあいだに因果関係がある確率を見積もった。偶然ではないが、このような手法の一部は、気候変動に関する政府間パネルが、気候変動の証拠を比較検討する際、同様の問題に取り組むために考案していた。

専門家のチームが結果を提示すると、私は愕然《がくぜん》とした。確率は少なくとも七〇％と見積もられ、一部のメンバーはもっと高い一〇〇％近くを支持していた。これから言えることは明白だった。有機リン系殺虫剤が甲状腺ホルモンを攪乱することによって脳に影響を及ぼす証拠は、鉛中毒の証拠とほとんど同じぐらい確たるものなのである。

私たちはまず、二〇一〇年にヨーロッパで生まれた子どもの集団への影響を見積もった。ひとりの子どものＩＱが一ポイント下がっても、親は気づかないかもしれないが、集団のスケールでその低下があれば、目につく。そこで私たちは、見つかるかぎり最も代表的な曝露データをもとに、その結果からヨーロッパ全体について推定した。一番可能性の高いシナリオは、ヨーロッパではＩＱが五・三ポイントを超えて低下する子どもはいないことを示していた。ヒトの研究では少しずつ異なる結果が出るものなので、不確定性があり、そこで私たちはある範囲で推定をおこなった。最良のシナリオでは、最も多く曝露を受けた子どものＩＱの低下は一・七ポイントとなり、最悪のシナリオでは、そのＩＱの低下は七・〇ポイントとなった。[104]

母親はほぼどんなことにも気づくものだが、子どもの知能のそんな微妙な違いには気づかないかもしれない。それでも、経済は確実に気づく。第1章で述べたとおり、ＩＱが一ポイント低下すると、生涯で稼ぐ能力が二％落ちる。[105] この能力の低下は、ひとつには就労の機会が減るためだが、低賃金の結果とも考えられる。米国で平均的な人が生涯で一〇〇万ドル稼ぐというのを覚えていれば、ＩＱ一ポイントの低下分はおよそ二万ドルに相当する。為替レートと購買力平価を考えて調整すれば、ヨーロッパでのＩＱ一ポイントのコストは五〇〇〇〜二万五〇〇〇ユーロとなる。四五〇万人のヨーロッパ人のＩＱがそれぞれ三分の一ポイントから五ポイント強下がるとすれば、失われる経済生産性は総額一二五〇億ユーロになると推定できた。それに、こうしたＩＱの低下で五万九三〇〇人の子どもが知的障害のレベルになり、教育などのコストが増すことも加味すれば、さらに二一〇億ユーロが損失に加わる。

とどのつまり、七〇％以上の確率で、毒物の環境曝露によって年に一四六〇億ユーロの損失が出ることになる（これは、現在の為替レートにもとづくと年に一九四〇億ドルに相当する）。ちなみに新造のボーイング７８７の定価は一億九四〇〇万ドルだ。この航空機が毎日一機盗まれる確率が七〇％あるとしよう。それでも、ヨーロッパで有機リン系殺虫剤への曝露がもたらしている損失に及ばない。ボーイング７８７が年に一、〇〇〇機盗まれる確率が七〇％なのだ。政策や行動に変化がなければ曝露が変わらず続くことを考えると、毎年航空機が盗まれるサイクルが繰り返されることになる。毎年新たに子どものコホートが生まれ、同じ結果をもたらすからである。

すると、これはいったいどういうことになるのか？

朗報は、環境保護局（ＥＰＡ）が二〇〇〇年に家庭での有機リン系殺虫剤クロルピリホスの使用をやめさせたことだ。[106] これは、一九九六年の食品品質保護法（ＦＱＰＡ）が直接もたらした結果と言える。この法律により、有機リン系殺虫剤の許容レベルを下げるという、子どもを守る安全因子が加わったのである。この出来事で、米国の子どもの有機リン系殺虫剤への曝露は大幅に減った。[107] 環境衛生問題が特定の党派に偏るものではない事実を示す例として、ＦＱＰＡは議会の両院を満場一致で通過した。

二〇一六年、私たちはある分析結果を『ランセット糖尿病・内分泌学』に公表した。米国で有機リン系殺虫剤のもたらす損失――四五〇億ドル――が、ヨーロッパ（一九四〇億ドル）に比べてはるかに少ないことを見出したのである。ボーイング７８７一機を毎週盗まれるのは、毎日盗まれるよりましだが、それでも大統領の注意を引く可能性はある。政策が曝露を左右し、曝露は病気をもたらし、病気は私たちの経済にもコストを負わせる。この有機リン系殺虫剤のケースについては、米国は人々を守る環境規制のおかげで、ヨーロッパに比べて文字どおり賢く――そして裕福に――なっているのだ。

前に私は、いくつか悪い知らせについて警告をした。信じがたいことに、二〇一七年四月、当時スコット・プルイットが局長だった米国環境保護局（ＥＰＡ）は、あらゆる食品中でクロルピリホスの残留を許さないようにする請願を拒絶し、この物質は「米国の農業にとって不可欠」で、「この国や世界の手ごろな価格による豊かな食料供給を保証する」と主張した。[108] ＥＰＡに対してなされた請願は、クロルピリホス使用の全面禁止の提案であり、それは女性や子どものほか、農場労働者にもリスクがあることが証明されたからだった。プルイットはプレスリリースで何と言ったか？　有害とされた結果は「最初から決めつけられた」もので、そのため政策を立てる要求はどれもバイアスがかかっているのではないかと述べたのだ。彼の部局は、クロルピリホスが一部の作物にとっては唯一効果のある選択肢だとする主張もよりどころとしていた。それは明白な嘘で、のちに連邦裁判所は、ＥＰＡがクロルピリホスの有害性にかんする政府機関の科学者の警告を無視して不法なふるまいをしたと認めた。

この「世界の食料供給のため」という論拠はどんどん弱くなっている。現在の一般的な作物と有機栽培作物の収量を比べた最近のメタ分析からは、二種類の農法が、適切な管理、特定の作物タイプや生育条件のもとでは同等かもしれないことが明らかになっている。[109・110] ここでさしあたり、クロルピリホスに代わるものがなく、それが世界の食料供給を維持するのに必要であると仮定してみよう。少なくとも、そんな決断においては重大な代償を考慮する必要がある。かなりの数の子どもが、将来の世界経済に十分貢献できなくなるのだ。クロルピリホスにかんするプルイット局長の主張は、この点については何も言っていない。[111]

今あなたにできること

どうしたら殺虫剤への曝露を減らせるだろうか？　まずは、**有機食品**〔訳注／農薬や化学肥料を使わずに生産した農畜産物やその加工品〕——果物、野菜、パスタ、米、牛乳、チーズ、肉

——を購入して食べる手がある。私たちは、幸いにも有機食品がどんどん手に入りやすくなっている世界に住んでいる。葉物野菜では、有機食品を食べるのが一番いい。それは、植物において殺虫剤が撒かれるような部分を食べるからにほかならない。どんな洗い方をしても、あらゆる殺虫剤の残留をなくすのに一〇〇%有効とはならないのだ。

ところで、スーパーに押しかける前に、有機食品を食べるとどんな違いが生じるかについて、いくつかの事実を知ってもらいたい。二〇〇六年の研究では、当時エモリー大学にいたチェンシェン・ルーらが、小学生の子どもの集団に有機食品だけを与えて一五日間追跡調査をおこなった。結果はどうだったか？「有機食品を食べると、農業生産に一般に使われている有機リン系殺虫剤への曝露に対し、速効性の大きな防護効果がある」ことが明らかになったのだ。ルーらはまた、調査以前の子どもの尿に含まれる殺虫剤濃度の高さは、それまで摂取していた食品による曝露のためだと自信をもって結論づけることができた。[112] 二〇一五年にカリフォルニア大学バークリー校のエイサ・ブラッドマンらがおこなった、もっと新しい研究も、都市と農村の低所得層で有機食品による介入が有効であることを裏づけていた。この研究の成果は、一番気がかりな果物や野菜について、有機栽培のものをとくに選んで買う価値があることを証明している。それどころか、有機リン系殺虫剤の代謝産物のほか、除草剤2、4—D〔2、4—ジクロロフェノキシ酢酸〕（非ホジキンリンパ腫や、軟組織のがんである肉腫との関連が指摘されている）の痕跡も減少していた。[113]

有機食品を食べると、すぐに、測定可能な違いが出る。はっきり言っておくが、栄養の違いについて話すつもりはない——研究で確かな結果は出ていないのだ。「有機（オーガニック）」と表示された食品を買うと、それには遺伝子組み換え作物（GMO）が一切含まれていないと安心できる。GMO食品の安全性にかんしては、まだいくらか科学的な議論がなされているが、とくに**一部の遺伝子組み換え作物にグリホサートなどの除草剤が使われている**ので、私はGMO食品を食べないように忠告する。はっきり言うと、遺伝子操作それ自体は必ずしも悪くない。GMOの議論がゲノムの問題とゲノム以外の問題の論争になるのを見て、気がかりに思っていた。その得失の関係は、金銭上の利益がかかっている多くの人が考えた形よりはるかに複雑なのである。

難燃剤

出生前の甲状腺ホルモンに、ひいては脳の発達や機能に影響を及ぼすという間違いない証拠があるもう一種類の化学物質は、おおまかに難燃剤と呼ばれるグループである。難燃剤は、発泡材の入った家具、合成繊維、敷物、床板に含まれている。このなかで最も懸念されている化学物質は、主に炭素と臭素からなるもの（有機ハロゲンという）で、とくに
ポリ臭化ジフェニルエーテル（ＰＢＤＥ）だ。

インターネットで検索すれば、いたって容易にＰＢＤＥと甲状腺ホルモンにかかわる図表が見つかる。両者の化学構造は非常によく似ている。ひとつ違うのは、ＰＢＤＥには臭素があり、甲状腺ホルモンにはヨウ素があるという点だが、このふたつの元素は周期表で同じ列にあるため、原子同士でかなり似たところがあるのだ。人体での働きは、往々にして化学構造に左右される。製薬を考えてみよう。医薬は、化学構造を受容体にはまるようにマッチさせて、人体で連鎖的な効果が生じるように設計されている。一方、合成化学物質はそのようにして作られはしない。材料に与える特性——この場合、難燃性——を満たすように設計されるのだ。ところが、そうした合成化学物質は、人体を考慮して設計されていなくても、生体に影響する天然のホルモンに似た構造をもっていると、はからずも問題を起こすおそれがある。そして、これが実際に多くの難燃剤で起きているのである。

前に触れたＥＤＣ疾病負荷ワーキング・グループの神経発達研究の専門家たちは、難燃剤にかんする二〇件に及ぶ実験室での研究や動物実験を表にまとめており、結果は（完璧ではないが）一貫した傾向を示していた。[114] ＰＢＤＥは、甲状腺ホルモンがその受容体と結

びつくのを妨げる。また、甲状腺ホルモンの代謝を攪乱し、存在する甲状腺ホルモンの影響を抑制することもある。さらに、一部の研究からは、甲状腺の機能とは別に動物の脳への影響もうかがえた。したがって、この化学物質は、まだ突き止められていない別の系や経路とも相互作用する可能性が高い。

私たちはさらに、母親の血液や赤ん坊の臍帯血に含まれるＰＢＤＥのレベルと、ＩＱテストで測定した子どもの知能を調べた四つの研究の結果も精査した。[115・116・117・118] 三つの米国の研究は、ＰＢＤＥレベルの増加が認知機能に及ぼす悪影響を明らかにしていた。これらの研究から自閉症とＡＤＨＤについてわかったことは、のちほど語ろう。研究者たちは、対象者の社会経済的状況など、ほかに結果を説明できそうな環境要因については慎重に除外したが、それでもＰＢＤＥとの関連性は残っていた。

残るひとつのスペインの研究は、それに比べれば説得力の低い結果だが、米国とヨーロッパの政策の重要な違いがもたらす影響を示していた。[119] カリフォルニアではヨーロッパにはない難燃剤が使われていたことから〔訳注／第1章で州法の要求をクリアするために安易に使われたというくだりがあったとおり〕、スペインの研究でＰＢＤＥ検出レベルは米国の研究でのものよりはるかに低かった。それにもかかわらず、スペインの研究で、認知機能と運動機能の低下傾向が見出されたのはかなり驚くべきことだ。検出レベルが低いと、そもそも脳への影響を見出すのが難しくなりやすいのだから。

ＥＤＣ疾病負荷ワーキング・グループの神経発達研究の専門家たちは、ＰＢＤＥを子どもで見られた認知機能低下の原因と推定できるきわめて有力な証拠がある（可能性が七〇％以上で、有機リン系殺虫剤での結果に近い）と判断した。

ＰＢＤＥは、政策の違いが病気や障害の増加、さらには社会のコストの増大をもたらすことを示す好例と言える。米国ではヨーロッパより多くの子どもが出生前にさらされたＰＢＤＥの影響を受けており、ＩＱの低下が大きい。ＰＢＤＥ曝露による損失は莫大で、ヨーロッパで一三〇億ドルなのに対し、米国では二六六〇億ドルにもなる。[120] この状況に、さらに悲しい現実が加わる。こうした化学物質への曝露には、人種や民族による差がある。私たちはちょうど、非ヒスパニック系の白人が、二〇一〇年の出生数の六六％を占めながらＰＢＤＥ曝露がもたらす負荷の五四％しか占めていないことを報告する研究を終えたばかりだ。アフリカ系とラテンアメリカ系の米国人は、こうした影響と損失の大部分を占めている。

身のまわりの化学物質を知る――ＰＢＤＥ

この種の化学物質は、原料に臭素という毒物が含まれ、一九七〇年代にカリフォルニア州で家の火災を防ぐ法律が制定されてから、使用量が増した。[121] ＰＢＤＥは、家具（ソファ、椅子、マットレス）に使われるプラスチック、電子機器、電線の絶縁材、車のシートに使われる発泡材、敷物に含まれている。ＰＢＤＥなどの難燃剤はまた、子どもの玩具や衣類などの製品にも添加されている。

隠れた悪者に気をつける

あなたはきっと、甲状腺ホルモンが化学物質の影響を受けたり、脳の機能障害をひとつや複数もたらしたりするプロセスがたくさんあるということがわかりだしているだろう。以下に、脳へのさらなる影響を及ぼす悪者となりそうな化学物質を、ほかにいくつかまとめて記そう。

■**食品の包装**――ラップ、ビニール袋、持ち帰り用の容器――に使われている製品に隠れた化学物質は、甲状腺攪乱物質の発生源となりうる。とくに、ロケット燃料やミサイル、花火、発炎筒、爆薬の製造に使われる**過塩素酸塩**という化学物質は、プラスチックや紙の包装で静電気を防ぐのにも使われている。これは、甲状腺ホルモンの産生に必要なヨウ素の取り込みを妨げる。タバコの煙に含まれる汚染物質である**チオシアン酸塩**や、肥料に使用される**硝酸塩**もそうだ。すでに甲状腺機能低下症を患っている妊婦を調べた研究からは、母親の過塩素酸塩レベルが高いと子のＩＱが低くなる関連性が見出されている。

■**ビスフェノールＡ（ＢＰＡ）**については、もうずいぶん知っているだろう。この合成化学物質は、哺乳びんや幼児用の蓋付きカップでは使用が禁止されているが、食品・飲料の缶の内面塗装や感熱紙のレシートに使われている。ＢＰＡは合成エストロゲンとしてとくによく知られている。それどころか、これはかつて、妊婦の流産を防ぐための薬剤とされていたが、ＤＥＳ（ＤＥＳの話については第１章で語った）ほど効き目はなかった。ＢＰＡは甲状腺の機能を攪乱して、皮質――脳のなかで、ヒトに固有の非常に多くの機能とかかわっている部位――の発達中に甲状腺ホルモンの結合を妨げるおそれがある。あなたも「ＢＰＡフリー」と表示されたプラスチックの飲料水ボトルや容器をあれこれ目にしているかもしれない。「ＢＰＡフリー」が普及しだすと、代替物の一群――いくつか挙げると、ビスフェノールＰ（ＢＰＰ）、ビスフェノール

F（BPF）、ビスフェノールS（BPS）、ビスフェノールZ（BPZ）、ビスフェノールAP（BPAP）――が現れたが、これらにも、もっとひどいとは言わないまでも、似たような危険がある。硬いポリカーボネートの容器は絶対に避けたほうがいい。

■**フタル酸エステル**も、甲状腺の機能を阻害したり攪乱したりする。このグループの化学物質は、食品包装のようにプラスチックを軟らかくしたり、ローションや化粧品などのパーソナルケア製品の香り付けをしたりするのに用いられている。とても多様なグループであり、次の章で肥満や代謝、生殖への影響をもたらす可能性があるものとして論じるつもりだ。ローションや化粧品に使われるフタル酸エステルのなかには、男性ホルモンであるテストステロンの効果を阻害する作用があるものもあり、食品包装や床板に使われるフタル酸エステルには、エストロゲンとして作用するものもある。実験室では、一種類のフタル酸エステルなどの化学物質への曝露に的を絞ることができ、じっさい、食品包装に含まれるフタル酸エステルは、甲状腺刺激ホルモンの産生をうながす遺伝子の発現に影響を及ぼすおそれがある。こうした化学物質はいわゆる「当て逃げ」をすることがあり、曝露の明確な痕跡を残さないので、成長途中の幼い子の脳にどんな影響を及ぼすのか推定できない。

■**パーフルオロアルキル化合物（PFAS）**は、多数のフッ素原子を構造にもつことで知られる分子であり、汚れなどがこびりつかない特性を与えるので、布地や家具、調理器具に使われやすい。**パーフルオロオクタン酸（PFOA）**は、分子に含まれる炭素の鎖が長い「長鎖」PFASのひとつで、テフロンに使われている。この化学物質は甲状腺ホルモンの結合を妨げる。ヒトを対象とした一部の研究からは、脳の発達に有害な影響を及ぼす可能性が示されているが、胎児の成長や出生時体重への影響のほうが証拠に説得力がある。長鎖PFASを製造する工場付近で、ほかにヒトへの有害な影響も報告された。やがて、化学企業がこうしたPFASの段階的廃止を決めると、人々や環境のPFOAレベルが低下した。それでも、まだ米国じゅうで以前のPFAS使用による水質汚染が見られる。たとえば、ニューヨーク州北部の村、フーシックフォールズでは、飲み水がPFOAに汚染されていることがわかって、大手メーカー二社が告訴されている。

■PFOAに代わるもののひとつが、**GenX**だ。いや、一九六〇～七〇年代に生まれたジェネレーションX（X世代）のことではない（私はそのひとりだが、一部でこの世代を指して言われるほど不満を抱いていたり将来を見失ったりはしていない）。GenXは、PFOAの代替として開発された化学物質の製品名だ。焦げつかないフライパンに使われるテフロン、消火剤の泡、汎用のアウトドアウェアの生地など、一般的な家庭用品の製造に用いられている。ノースカロライナ州とオハイオ州でＧｅｎＸを製造している化学工場は、最近、付近の水質汚染によって多くの人の関心を集めるようになった。オランダとスウェーデンでおこなわれた実験による初期評価では、ＧｅｎＸが胎児の成長や出生時体重に対し、ＰＦＯＡと同程度か、ずっと大きな影響をもたらすことも明らかになっている。[122・123] メーカーは、長鎖ＰＦＡＳに代わるこうした短鎖の物質は人体からはるかにすばやく取り除かれるので、害は少ないと主張している。だが、米国立環境保健科学研究所の所長だったリンダ・バーンバウム博士は、強く異論を唱え、「調査されたどのＰＦＡＳも問題を引き起こしている」と述べたうえで、さらにこう続けている。「たとえ半減期が短く、三〇日だとしても、人体に蓄積されていく[124]」

■ＰＢＤＥの代わりに使われている**有機リン系難燃剤**も、同じように問題となる可能性がある。この問題を私たちは、「残念な置き換え」や「化学物質のモグラたたき」と呼んでいる。これは、化学物質について、罪が証明されるまでは無罪と仮定するという規制の枠組みがもたらす副産物だ。なんらかの化学物質が問題だとわかると、化学構造にわずかな変更が加えられる。それで製造過程はあまり変わらないが、法での扱われ方がリセットされる。こうした化学物質は製造過程で添加され、使用される製品のなかに留まらないから、家庭やオフィス、さらには車内でも埃《ほこり》のなかに広く見つかる。あなたが自意識過剰でなくとも、平均的に言って、人は毎分二〜五回自分の顔に触り、知らぬ間に出くわした化学物質の埃を体に取り込んでいる。実験室での研究では、発達中の脳への影響がすでに示唆されている。[125] こうした化学物質はかなり最近現れてきているので、もっとヒトでの研究をおこなって、新たな難燃剤が従来のものに劣らず問題なのかどうかを確かめる必要がある。

ＡＤＨＤ（注意欠陥・多動性障害）への影響

化学物質への曝露が成長途中の脳に及ぼす悪影響は、ＩＱの低下だけではない。私は小児科医として、ＡＤＨＤや自閉症のような疾患をもたらす曝露を防ぐ必要をこれ以上ないぐらい強調したい。ＥＤＣとＡＤＨＤの関係についての研究は難しい。ひとつには、ＡＤＨＤにはふたつの要素——注意欠陥と多動性——があるからだ。どちらの要素についても、ＡＤＨＤの子ども——あるいは大人——はひとりひとりもっている量が違う。また、

ＡＤＨＤを診断するには、ふたつ以上の状況で注意欠陥や多動性を観察する必要がある。診断は一般に、小児科医や小児精神科医、そのほかのケア担当者によってなされるため、診断に入り込む人的要因が、診断を客観的に見るうえで邪魔になる可能性がある。そこで代わりの手だてとなるのが、注意欠陥や多動性を研究者が練り上げたスケールで測るというものだが、これは親の解釈にもとづくことになる。

したがって、ＡＤＨＤをもたらす要因をすべて解き明かすのはきわめて難しい。それでも、いくつか非常に確かな結びつきについては意見の一致が見られている。とくに、ＰＢＤＥなどの難燃剤と有機リン系殺虫剤はどちらも詳しく調べられている。ふたつの大規模調査でＡＤＨＤとＰＢＤＥ曝露との関連性が明らかになっているが、ひとつは注意欠陥の程度のほうに、もうひとつは多動性の程度のほうに、比較的強い関連があることを示していた。[126・127] 有機リン酸エステルの研究からは、ＡＤＨＤの診断との関連性が見出されているが、ＡＤＨＤの症状の数との関連性はわかっていない。[128] 有機リン酸エステルがＡＤＨＤを引き起こしているのだとしたら、化学物質への曝露がＡＤＨＤの発生と重症度の両方と関連しているはずだ。マウスの研究で、実際にいくつかのことがわかっている。甲状腺ホルモン受容体遺伝子のひとつを取り除いたマウスは、ＡＤＨＤに似た行動を示した。[129] 同じ行動は、甲状腺ホルモンのレベルが低下しても現れる。[130] ＥＤＣが齧歯類でＡＤＨＤに似た活動を引き起こす可能性も明らかになっている。[131,132] 以上のことから、ＥＤＣ疾病負荷ワーキング・グループは、因果関係の確率は中程度で、コイントスよりは高いと勧告した。私もそれに同意する。

もっと決定的な答えが得られないのはなぜか？

現行の規制状況では、化学物質は安全性についてのデータがきわめて貧弱なまま製造・使用されている。それどころか、安全と仮定されている。悪影響の確率はゼロと推定されているのだ。パラケルススの話を思い返そう。これまでずっと、私たちは量によって毒になると考えてきたが、五〇〇年後の今になって、すっかり思い違いだったと気づきだしているのだ。あなたは、ＡＤＨＤを誘発しそうな化学物質にいちかばちか身をさらすリスクを冒したいと思うだろうか？　注意欠陥についての証拠のほうは比較的弱くても、ＰＢＤＥや有機リン酸エステルが認知に及ぼす影響にかんするデータは説得力に満ち、対策の必要性を示している。私たちは、年間四四〇〇人の子どもがＥＤＣによってＡＤＨＤになる可能性があると推定している。ＥＤＣがもたらすコストのうち、ＡＤＨＤによるものは年間一〇億ドル弱で、ＩＱに対するＥＤＣのコストよりはるかに低いが、患った子どもひとりあたりのコストははるかに高い。一〇億ドルは少ないように見えるかもしれないが、すべての子どもがＡＤＨＤになるというわけではなく、ＥＤＣ曝露によるＡＤＨＤを患う子どもはさらに少ないのだ。それでも、ＡＤＨＤがもたらす影響は、ＩＱが一ポイント以上低下する子どもへの影響に比べてはるかに大きい。また、こうした化学物質が実はすべての子どもの注意欠陥や多動性の度合いを高め、診断のきっかけになる症状をもつ子どもが増えて今後診断が次々と下されていく可能性があることについても留意したい。

自閉症

この章ではまず、私の患者だったマイケルと自閉症を話題にした。自閉症の診断は増えているが、それでもまだＡＤＨＤや喘息《ぜんそく》ほど多くはない。研究の観点からは、これが問題になる。なんらかのリスク因子——栄養、遺伝子、社会経済的状況など——が自閉症の発生に及ぼす影響を調べようとした場合、統計学者は、重要な関連が見つかる可能性の高い結果の解釈に自信がもてるようになるには、一万人以上の子どもを調べるべきかもしれないと言うだろう。これより少ない人数では統計的に有意な関連は見出せないとしても、まったく関連がないとは言えそうにない。自閉症になるのは女子より男子のほうが多いと昔から知られており、ＥＤＣは男性ホルモンに対し、女性ホルモンに対するのとは違う影響を及ぼす可能性がある。そのために、この謎解きの手がかりはいっそう見つけにくくなっている。

ニューヨーク市で調べられた研究では、妊娠中のフタル酸エステルへの曝露が、自閉症の評価に用いられる測定値の上昇をもたらすことがわかったが、[133] この研究で調べられた子どものほとんどは自閉症を患っていなかった。シンシナティでおこなわれた別の研究では、ほかに四つのＥＤＣがそうした測定値の変化と関係することが明らかになっている。[134] どちらの研究も小規模だが示唆に富んでいる。だが、影響を評価するのはもっと難しい。測定値の上昇を自閉症の潜在的な増加の推定に変換する手だてはいくつかあるが、解釈には細心の注意を要する。私たちは、自閉症のほぼ一〇％はＥＤＣが原因かもしれず、低ければ二％近くの可能性もあると推定したが、データが足りないのでどのＥＤＣかを特定することはできなかった。

ここで朗報と言えるのは、「子どもの健康に対する環境の影響研究（ＥＣＨＯ）」という、きわめて大規模で刺激的な米国のプログラムが、ＥＤＣなどの環境曝露の影響を理解すべく、全米の五万人の子どもからデータを集めていることだ。自閉症について、ＥＣＨＯは、残っている重要な問題に取り組むうえで大きな進歩をなし遂げるだろう（詳しくは、www.nih.gov/echoを参照）。

では、こうした不確かな状況で、何が最善の方策となるのか？　今、これを考えているあいだにできることはたくさんある。曝露量を変えることがすべてではない——複数の研究結果が示すとおり、十分なヨウ素の入った食事をとることで、大きな効果が出る可能性がある。缶詰食品を避け、プラスチックを電子レンジにかけないことも、それに加えられる。いくつもの研究で、外食が尿中のフタル酸エステル濃度の上昇と関係していることも報告されている。これまで確率についてたくさん語ってきたので、怖がっている人もいるかもしれない。考え方を変えて、こう問いかけてみよう。自分の健康で賭けをしたいと、どれだけ思うものだろうか？

脳に影響を及ぼすEDC曝露を減らすために、今できること

■ウール（羊毛）のように、天然の難燃性素材を選ぶ。TB117-2013規格が表示された布張り家具には、難燃剤は必要ない。体にぴったりフィットする服は、化学物質が添加されていなくても難燃性の基準にかなう。肌に密着するので、ひらひらした袖に火がつくようなことがないからだ。また、生地と肌のあいだに余分な空気がなくて火が広がらないので、難燃性が増す。

■家では濡らしたモップで化学物質の残留物を取り除き、頻繁に窓を開けて換気をする。

■PBDEは動物の脂肪にたまりやすい。野菜中心の食事をとれば、そうした物質への曝露を避けられる。

■缶詰や硬いポリカーボネートの容器（一般に三角形のリサイクルマークの中央に7の番号が記されている）に入った食品を避ける。

■レジで感熱紙のレシートを受け取らない。

4　代謝の攪乱——肥満と糖尿病

第1章の遊び場のシーンで、米国の子どものかなりの割合（ほぼ三五％）が現在、肥満かかなり過体重と考えられるとしたのを覚えているだろうか。一九六二年と現在とでニューヨーク市の地下鉄の乗客を比べたら、大人のあいだにも大きな違いがあるのがわかるだろう。二〇一六年には、米国人のほぼ四〇％は肥満となっていた。肥満は、体格指数（ＢＭＩ——保健医療提供者が身長と体重をもとに、脂肪を除いた体重に対する脂肪の相対的な度合いを評価するのに用いる指標）が三〇以上と定義されている。また三〇％が過体重で、これは成人の場合、ＢＭＩが二五～三〇と定義される。[135] 標準体重とされるＢＭＩ二五未満の米国人は、いまや少数派だ。

私たちはニュー（アブ）ノーマル〔訳注／主にリーマン・ショック後に登場した経済用語で、異常な状況が常態化した現象をニューノーマルという〕の状態にある。肥満や過体重は、それ自体病気ではないが、どちらも心臓病、糖尿病、肝機能障害、脳卒中、一部のがんと関係している。肥満はコストも生み、結果的に体重にかかわる医療費が年間一九〇〇億ドルかかっている。[136]

　この章を読んだからといって、肥満の増加をもたらした主な要因とあなたが思うもの――不健康な食事と運動不足――は変わらないはずだ。しかし、あなたは知らないかもしれないが、食事や運動の変化だけでは肥満の増加を十分に説明できない。理論上、一日あたり運動で消費する量より五〇キロカロリー多く食べると、年間二キログラムあまり脂肪が増える。すると、米国での肥満の増加は、摂取カロリーの増加と運動の減少ですっかり説明できると思えるのではなかろうか？　事がそれほど単純だったらいいのだが。問題は、肥満が単にカロリーの出入りで決まるものではない点にある。私たちが化学物質への曝露についてのあらゆるデータを得ている疾病対策センターによる同様の調査でも、全国規模で集めた米国人の代表的なサンプルで摂取カロリーと運動を測定している。そうした調査のデータからは、一九九八年から二〇〇六年にかけて、レジャーでの運動の頻度は男性で四七％、女性では一二〇％、減るのではなく増えたことがわかる。それどころか、摂取カロリーと運動のレベルが同じ成人をふたり――ひとりは一九八八年、もうひとりは二〇〇六年の成人――見比べると、二〇〇六年の成人のほうが、ＢＭＩが二・三ポイント高かった！[137]　これで十分に過体重から肥満へと半分ぐらいシフトさせることになる。

食事はカロリーを摂取するだけのものではない。食事の中身も重要で、米国人の食事の中身は砂糖へ移行している。カリフォルニア大学サンフランシスコ校のロバート・ラスティグ博士は、異性化糖〔訳注／ブドウ糖と果糖を主成分とする液状の糖〕を毒だと言った。[138] 私もこれを否定しないし、これから語ろうとしていることは、この見方と矛盾するわけではない。睡眠不足と睡眠の質の低下も、体重増加に拍車を掛ける役目を果たすのかもしれない。[139] 汚染のない、健康に良い食物と日中の運動も、健全な代謝を維持するうえで重要だ。[140]

しかし、肥満の問題は、車や電子機器などを利用する時間の増加や座りがちのライフスタイル、砂糖たっぷりの加工食品ばかりの食事によるものとはかぎらない。念入りに設計され、査読を通った複数の研究からは、肥満や2型糖尿病と、出生前や幼少期に殺虫剤、ビスフェノール類（ＢＰＡなど）、可塑剤（フタル酸エステルなど）にさらされた経験との結びつきがどんどん明確になっている。またほかの研究では、成人が、歳をとってから曝露に応じて体重を増したり糖尿病になったりする可能性も示されている。

前の章の囲み部分を読んでいない人のために言うと、ＰＦＯＡは、焦げつかないフライパンや（防汚性のために）衣類に最近まで使われていた化学物質だ。『パブリック・ライブラリー・オブ・サイエンス・メディシン』誌に公表されたごく最近の研究では、血清に含まれるＰＦＯＡのレベルが、食生活の改善と運動によって減量に成功した人でのリバウンド（体重の再増加）と関係していた。ＰＦＯＡのレベルが高いと、安静時代謝率が落ちて、リバウンドを引き起こすことがあったのである。[141]

だれかが自分はほかの人より「代謝が低い」と言うのを聞いたことがないだろうか。私たちの身体組織は、車の燃費に違いがあるように、それぞれエネルギーの利用効率が異なる。身体のあらゆる部位のエネルギー利用効率を積算してから、運動などの身体活動を考慮すれば、安静時代謝率が得られる。化学物質への曝露が私たちの体の燃費に影響を及ぼし、同じ摂取カロリーでも体重の増加が多くなる（あるいは少なくなる）可能性もある。

有機リン系殺虫剤とそれが脳や神経系に及ぼす影響については、もうあなたもよくわかっただろう。そこで今度は、私たちが日常的に触れ合う、ほかの殺虫剤などの一般的な化学物質が、身体本来の食物の代謝やホメオスタシス（生体恒常性）〔訳注／生体が環境の変化のなかで体内の生理的状態を保とうとする傾向〕の維持を邪魔することについて見てみよう。子どもが一番被害を受けやすいが、大人も肥満促進物質や代謝攪乱物質、心血管リスクの影響を受けやすい。

倹約表現型

ミシェルは聡明な女の子で、私は彼女が小学一年生になったときに初めて外来診療のクリニックで会った。両親は彼女が生まれる数年前にメキシコからやってきて、マンハッタン北部のセントラルパークのすぐ東にあるエルバリオという地区に居を構えた。家族は皆、ミシェルがかよっている地元のチャーター・スクール〔訳注／特別な認可のもとで公的資金の援助を受けて設立された民間運営の学校〕をとても誇りに思っていて、クリニックへよく彼女を制服のまま連れてきていた。

ミシェルが健康児として年に一度訪れてきた際、私は彼女の成長のグラフを見て、肥満のリスクがある子どもの典型的な特徴を示していることに気づいた。ミシェルは予定日近くに生まれたが、出生時体重はその妊娠期間のわりに少なく、「妊娠期間に比べて小さい（SGA）」とされる境界値のわずかに下だった。SGAは新生児にとって、低血糖など切迫したリスクとなるが、入念な検査と臨床的介入によって容易に対処できる。乳児期に彼女の体重はすぐに標準値に追いつき、二歳の健診のころには体重身長比（体重／身長）が同年齢の女児の九五パーセンタイル近辺になっていた。二歳を超えると、ミシェルの

ＢＭＩは八五パーセンタイルと九五パーセンタイルのあいだを行き来した。前者の値は過体重とされる下限点で、成人の場合はＢＭＩ二五に相当し、後者は肥満とされる境界値で、成人ではＢＭＩ三〇にあたる。

ミシェルは「倹約表現型」の問題と呼ばれるものの好例で、この問題を最初に記述したのはサー・デイヴィッド・バーカーだった。[142] 第二次世界大戦中、一九四四年一一月から一九四五年五月までのあいだ、オランダは日々の食料が四〇〇〜八〇〇カロリーというひどい飢餓に陥った。当時妊娠した女性の産んだ子はひどく発育が抑えられた。誕生時にはほかの点では良好に見えたが、数十年経つと、肥満や糖尿病、高血圧、若年性の冠動脈疾患になり、飢餓の影響を受けなかった子より早く亡くなることが明らかになった。バーカーはこうした結果を説明すべく「倹約表現型」仮説を考え出し、胎児が生存のために栄養など環境面の障害に適応し、摂取するカロリーを最大限利用するようになっていると主張した。母胎から出て、第二次世界大戦後のようなもっとふんだんに栄養が得られる環境になっても、子どもはこの「適応」反応を維持し、余分なカロリーを脂肪など、数十年後に問題となる形でたくわえている。[143] 胎児の受けたストレスがゲノムを直接変えるのではなく、脂質や糖の代謝において重要な役割を果たすタンパク質をコードしている特定の遺伝子のスイッチを入れて、ゲノムの働きを変えるのだと考えられている。[144]「オランダの飢餓の冬」から五〇年以上経って、ずっと小さな環境ストレスが胎児の発育を抑え、肥満や心血管の健康状態に同じような長期的影響をもたらす可能性も明らかになった。[145]

幸い、私の前にミシェルを診ていた小児科医は彼女のリスクを示す特徴に気づき、すでに先手を打ち、この代謝の傾向を打ち消して体重を維持する方策として、ジャンクフードを避けて毎日運動させるよう親に指導していた。しかもミシェルのチャーター・スクールにはすばらしいサッカーの授業があり、彼女はそれを楽しんでいた。ミシェルは週末に父親ともサッカーの練習をした。とはいえ、カロリーの出入りのバランスをとるのは、ニューヨーク市の一部の地区では、セントラルパークを遊び場にしても難しいことがある。「食の砂漠」［訳注／地元商店などが撤退してコンビニやファストフード店ばかりになり、生鮮食料品の入手が困難になった地域］という状況は、健康的な食事が近場で手に入らなかったり、金銭的に難しかったりする現実を示している。ミシェルの両親は彼女に健全な心と体をもたせたがっていた。だが、父親がフルタイムとパートタイムの両方の仕事をして十分な所得を維持しようとしていたのに、イーストハーレムの高級化によって家賃が上がり、新鮮な野菜や果物をあまり売っていないボデガと呼ばれる小型の食料雑貨店ではなくスーパーへ行こうとしても、それが難しくなっていた。

しかし、私は食事がミシェルにとっての問題のすべてだとは思わなかった。ほかの子は健康な体重を維持できるのに、ミシェルの何が違っているせいで、体重のコントロールがそんなにも難しくなっているのか？　母胎内で成長が抑えられたために、苦しい戦いをしているのだろうか？　食事や運動不足が代謝の混乱を引き起こしたのでなければ、彼女の環境で何が親に制御できなくなっていたのだろう？

そのころは二〇〇九年で、私は肥満促進物質の存在に気づきはじめていた。既存の研究は主に、動物実験でビスフェノールAやフタル酸エステルの影響を調べていた。私は、今取り組んでいる調査の前に、全米子ども調査（ＮＣＳ）という、やはり米国の子どもを対象とした大規模調査に励んでいた。その年、私が同じ全米子ども調査を手がけていた研究者らと『エンヴァイロンメンタル・ヘルス・パースペクティヴ』に公表した論文では、アーカンソー州が学童の肥満を減らすためになし遂げた進歩のほか、食事や運動などの環境因子が子どもの肥満に対して果たす役割について語っていた。その論文には、ＤＥＳ（第２章参照）が動物の研究で肥満を引き起こすとわかったことについても書いた。ほかにも疑わしい化学物質があったが、まだヒトで調べられていなかったので、ＮＣＳでは、曝露量を測定してからその後の成長を追跡し、関係があるかどうかを確かめて、科学の大きな空隙を埋めようとしていた。[146]

残念ながら、ＮＣＳは米国立衛生研究所（ＮＩＨ）によって二〇一四年に中止された。

家族を募るのにコストがかかりすぎ、そのやり方が管理上も複雑だとわかったからだ。[147] 一方、それより小規模な調査で、フタル酸エステルやビスフェノール類、パーフルオロアルキル化合物、難燃剤、一部の殺虫剤とヒトの肥満とのかかわりが、次第に明らかになっている。もしも全米子ども調査が予定どおりに続いていたら、私たちは現在、化学物質への曝露についてはるかに多くのことを知っているだろうし、ひょっとしたらそうした曝露を肥満や糖尿病の一般的な鑑別診断や精密検査に結びつけてさえいるかもしれない。

さかのぼって二〇〇九年、ミシェルの家族と初めて会ったとき、私は彼女の体重が身長と不釣り合いに急増を続けていてびっくりした。過体重の領域から、小児肥満と呼べる境界値の九五パーセンタイルを超えるまでに跳ね上がっていたのだ。これ以上食事の改善はできないことを確かめるため、私たちは彼女を栄養士のもとへ行かせ、甘い菓子を二週間控えられたらご褒美がもらえるようなシステムを整えた。私はミシェルの状態をもっと詳しく知りたかったので、一年ごとだった診察の頻度を三か月ごとに増やした。それにより、彼女の体重をもっと頻繁にチェックして、目標達成を助けるのに必要な指導やサポートをおこなうことができたのである。ミシェルは明らかに健康な食事を維持するやる気を見せ、私たちは、彼女の体重がすぐには変わらなくてもいずれ結果が出るだろうと信じた。

その後二、三年で、ミシェルは学業で驚くべき進歩を見せ、全米チェストーナメントに出場さえした。だが、九歳の健康児健診で、彼女は喉《のど》の渇きと頻尿を訴える。私はまた、彼女の首に黒っぽく厚みの増した皮膚の部分があるのに気づき、心配になった。この症状は表皮肥厚といい、前糖尿病や糖尿病の初期の警告信号である場合がある。そこで私は、空腹時の血液を採取してミシェルの血糖値とインスリン、脂質をチェックしたいから、また来てほしいと家族に言った。残念ながら、臨床検査で私の最悪の不安が的中した。私たちはミシェルを、2型糖尿病の対処のために内分泌医のもとへ行かせた。

内分泌医が主眼を置いたのは血糖値の管理だったが、私は胎内での化学物質への曝露がミシェルの糖尿病を引き起こしたのではないかと思った。それとも、妊娠中に成長が抑えられたことですでに運命づけられていたのだろうか？　もっと早く化学物質への曝露を抑え、彼女が糖尿病になるのを防ぐために、何かできることがあったのか？　その後数年間、ミシェルの糖尿病は制御された状態が続き、だれもがほっとした。

とはいえ、彼女がずいぶん幸運だったと言うつもりはない。あなたは、私がなぜミシェルをEDCの危害の例に含めたのかとも思うのではなかろうか。なにしろ、彼女の状態はそれほどひどいようには見えないだろうから。しかし私は言いたい。彼女の肥満や2型糖尿病発症の傾向は、健康的なライフスタイルを心がけても、化学物質への曝露が原因でもたらされたのかもしれないのだ！

二〇〇二年から二〇一二年にかけて、新たに1型糖尿病と診断された症例は年率約一・八%のペースで増え、2型糖尿病ではさらに速く四・八%のペースで増加した。そのペースなら、二〇二六年までに糖尿病の子どもの割合は倍増するだろう。[148] 一〇歳から一九歳までを対象として、新たに2型糖尿病と診断された症例は、ヒスパニックと女性でとりわけ速く増えていた。シカゴ大学のロバート・サージスらによる最近の文献レビュー［訳注／あるテーマの研究論文をいろいろ取り上げてまとめや評価をすること］には、ヒスパニックとアフリカ系の米国人や低所得層が糖尿病誘発物質に非常に多くさらされていることが記されている。糖尿病誘発物質には、一九七〇年代に禁止されたPCBやダイオキシン、一部の殺虫剤、複数の大気汚染物質、ビスフェノールA、フタル酸エステルなどがある。[149]

肥満や糖尿病の症例数の差や増加を説明するのに、遺伝子を見ても意味がない。幼少期に過体重になりやすくなったのが、ヒトのゲノムが一世代で大きく変わったためである可能性は低い。ならば、ほかにどうやってこのふたつの疾患の蔓延を説明することができるだろうか？　今日目の当たりにしている蔓延状況を説明するには、何かの環境因子――ひょっとしたらたくさんの環境因子かもしれないが――を探すしかない。実のところ、肥満や糖尿病の増加は米国に限った現象ではない。すべての国が米国ほど丹念にこうしたペースを計測しているわけではないが、今あるデータは、世界規模での、とくに発展途上国に集中した増加を示唆している。

まずは、カリフォルニア大学アーヴァイン校のブルース・ブラムバーグの研究室を覗くことにしよう。彼と、今は引退している国立環境保健科学研究所の科学者ジェリー・ハインデルは、子どもの肥満を促進する化学物質を調べる私の研究に火をつけ、ひとりの人間といくつかの数値を内分泌攪乱物質の問題に結びつけることに私が目を向けるきっかけを与えてくれた。

肥満促進物質

トリブチルスズという名前は、造船技師や仕事熱心な船乗りでもなければ、聞いたこともないだろう。一九六〇年代から、ＴＢＴと呼ばれるそれは、船体に塗って、船の性能や耐久性に悪影響を及ぼすフジツボや藻類などの海洋生物の繁殖を抑える殺生物剤《バイオサイド》として使われてきた。「びっくりフジツボ！」『タンタンの冒険』に登場するハドック船長の台詞を、私の上の息子がまねて言う。ずいぶん前には、同じ目的で船底に銅が使われていたが、銅の覆いを打ち付けるのは、船体の塗装よりも大変な作業で、ＴＢＴがその目的にかなうことを科学者が発見すると、多くの造船技師の仕事が楽になった。その後ＴＢＴは、海洋生物への有害な影響のために使用禁止となった。だが、食品包装用のプラスチックの安定剤としてまだ使われている。あとでわかるのだが、ブルースらは、ＴＢＴが典型的な肥満促進物質で、その影響が三世代にわたって残ることを明らかにした。

ＴＢＴは、細胞にあるペルオキシソーム増殖因子活性化受容体（ＰＰＡＲ）というタイプの受容体を選択的に活性化する。ＰＰＡＲは、ＤＮＡ配列の特定部位にくっついて、そのすぐ下流の遺伝子を活性化する。[150] 製薬業界は以前からＰＰＡＲに注目しており、それは糖尿病治療薬の重要なターゲットとなっている。ＴＢＴのような合成化学物質が及ぼす影響と、ロシグリタゾンなどの糖尿病治療薬がもたらす影響との違いは、引き金を引く細胞のタイプである。[151] 個人的な余談だが、私はもう少しで有機合成化学を仕事にするところだった。ハーヴァードの化学の研究室にいた大学三年のころ、私はロシグリタゾンに似た薬を作る化学反応を設計し、先述の受容体に作用して糖尿病を治療することを目指すプロジェクトにかかわっていた。そこで、医学博士（ＭＤ）でなく学術博士（ＰｈＤ）を取得するか、両方の学位を目指すかと考えをめぐらせたのだ。そんなわけで、話は元に戻る。私は今、明らかに化学物質の研究に引き込まれている！

フタル酸エステルは、とくにＰＰＡＲと相互作用する能力がある。これはフタル酸とアルコールが脱水反応を起こしてできるエステルであり、ふたつのカテゴリーに分かれる。低分子量（ＬＭＷ）と高分子量（ＨＭＷ）のフタル酸エステルだ。ＬＭＷフタル酸エステルは、シャンプーや化粧品、ローションなどのパーソナルケア製品に、香りを保つためによく添加されている。ＨＭＷフタル酸エステルは、床板や食品ラップ、点滴チューブのビニル樹脂を作るのに使われている。ＨＭＷのグループのなかでは、**フタル酸ジ-2-エチルヘキシル（ＤＥＨＰ）**にとくに注目したい。ＤＥＨＰは、ポリ塩化ビニル（ＰＶＣ）など一部のプラスチックを軟化して可塑性を与えるので、食品の工業生産や、幅広い消費財——病院設備、食品ラップ、容器など——の製造に使われている。飲料水ボトルやファストフードの包装、病院の点滴チューブを考えてみよう。あいにく、可塑剤は素材のなかで移動し、やがては環境へしみ出て、往々にして人体に入り込んでしまうのだ。[152・153]

ＰＰＡＲがフタル酸エステルによって活性化されると、身体がカロリーの流入に対して本来とは異なる反応を示すようになる。通常、私たちの肝臓は、グリコーゲンという形で、すぐに分解してエネルギーを生み出せる糖を保持している。あなたが、グリコーゲンのたくわえがいい状態で、米国農務省の栄養ガイドラインに従い、身体が通常（もちろん運動の助けも借りて）筋肉を作るための原料にするタンパク質がたくさん入った健康的な食事をしているとしよう。フタル酸エステルなどのＰＰＡＲ活性化物質は、代謝の機能を攪乱し、カロリーの処理を誤らせ、同じ食事を筋肉でなく脂肪の産生に回す。この現象は実際にははるかに複雑だが、原理は単純だ。フタル酸エステルが、入ってくる栄養の最適な利用法ではなさそうなのに、身体に脂肪細胞を増やすように命じるのである。

フタル酸エステルは炎症も引き起こし、身体に酸化ストレスというアンバランスな状態を生み出すことがある。[154]膵臓はとくにこのストレスの影響を受けやすく、インスリン関連の活動が阻害されるおそれがある。炎症はまた、動脈を狭くし、心臓病をもたらす。[155]動物実験からは、心臓にかんしてもうひとつ危険信号が出ている。DEHPへの曝露が不整脈を誘発し、心筋細胞の機能不全を引き起こす可能性もあるのだ。[156]

フタル酸エステルは、テストステロンに悪影響もたらす。[157・158]DEHPは動脈や心筋に直接作用するが、低分子量フタル酸エステルが男性ホルモンに及ぼす影響も心臓病をもたらす。高齢男性では、テストステロンの減少は心臓病による早死にと関係していた。[159・160・161]低Tと呼ばれるテストステロンレベルの低い状態に対してテストステロンを補うのが、EDC関連であれ、それ以外であれ、欠乏への容易な解決策のように思われるだろう。ところが、そうした補充の研究で、期待される効果は一貫して得られてはおらず、それどころか一部では悪影響も示唆されている。[162・163・164・165]逆に、テストステロンの減少は心血管障害を引き起こす病気のマーカーなのかもしれないと考えた人もいる。[166]無症候性甲状腺機能低下症の妊婦への甲状腺ホルモンの補充に対しておこなったような説明が、ここでもできる。欠乏を補うための投与が人によって不十分だったり多すぎたりして、治療介入の成果が限られているのかもしれないのだ。母なる自然はなかなかまねられない。低テストステロンの治療よりも予防に取り組むほうが、効果的な可能性がある。

ＥＤＣ疾病負荷ワーキング・グループは、ジュリエット・レグラー（今はユトレヒト大学に在籍）を筆頭に、肥満促進物質や代謝にかかわるリスクの分野の第一人者を集め、ＥＤＣ、肥満、糖尿病について最新の科学研究を精査した。[167]このグループの研究者は、出生前のフタル酸エステルへの曝露と子どもの肥満との関連に気づいたが、研究には大きな問題がふたつあることを明らかにした。ひとつは、フタル酸エステルへの曝露に対する反応の点で、男児が女児とは違うようだということである。もうひとつの問題は、この章の初めに書いたバーカーの仮説にかかわるものだ。どの研究も、胎児の成長をとらえることはできていない。出生時の体重は量れているが、化学物質が「倹約表現型」をもたらすとしたら、それ以前の超音波検査のデータがないと、胎内での曝露の影響を見逃してしまう可能性があるのだ。別の問題として、ＢＭＩが肥満のマーカーとしては多少いいかげんだというものもある（「肥満の」ＢＭＩをもつアメフトの選手のことを考えればわかる）。体組成測定によって割り出した体脂肪量が、結局はＢＭＩより優れた肥満マーカーとなるのだが、研究ではそのデータが得られていないのである。[168]

専門家たちは、非常によくできた有名な看護師健康調査に、フタル酸エステルが成人の肥満を誘発している有力な証拠を見出した。数十年にわたり、ハーヴァード大学T・H・チャン公衆衛生大学院の研究者は、米国じゅうの何万人もの看護師に丹念に連絡をとりつづけ、今ではその子どもも追跡調査している。この集団から、タバコをやめたりアルコール摂取を減らしたりすると結腸がんを防げるとか、いわゆる地中海料理が心臓病のリスクを減らすといった、今日予防について知られている多くのことがわかった。

次の章では、フタル酸エステルとそれが生殖機能に及ぼす影響について報告しているラス・ハウザー博士の研究を紹介することになる。ここでは、彼の研究結果が肥満と糖尿病の研究者の考えにどう影響をもたらしたかについて語ろう。ハーヴァード大学の彼のチームは、看護師健康調査のデータと検体を分析し、目を引く傾向を見出した。フタル酸エステルへの曝露を測定して一〇年後、曝露レベルが高い女性ほど、体重増加が多かったのだ。[169]ほかにふたつの研究チームが同様の研究をおこなったが、どちらも一～二年しか被験者を追跡しておらず、確かな傾向を見出すにはまるで時間が足りていなかった（それでもスウェーデンの高齢者を対象とした研究では、その期間において体重増加が明らかになっている）。[170]実験室でのきわめて有力な証拠を考え合わせても、因果関係がある確率はまだおおよそコイントス程度でしかないと判断された。それはひとつには、ＥＤＣ疾病負荷ワーキング・グループが、もっと強く確信できるようになるにはヒトでの優れた研究結果をもっとよく知る必要があると思ったためである。

前に、全米子ども調査の中止が一因で、肥満促進物質についての解明が進まなくなったという話をした。それを補うべく、科学者たちは、疾病対策センター（ＣＤＣ）の調査など、ほかの研究から入手できるデータを丹念に調べつづけている。そうした研究のひとつの制約は、曝露とその影響を同時に測定していることだ。サー・オースティン・ブラッドフォード・ヒルは、因果関係を決定しうる根拠となるのは曝露後の影響を報告する研究のみであり、曝露と病気をただ同時に評価する研究ではない、と強調していた。[171] 肥満と化学物質への曝露を同時に評価する研究を解釈するうえで、もうひとつ存在する制約は、フタル酸エステルは脂溶性だということである。フタル酸エステルは一般に脂肪細胞に蓄積するので、もとより肥満児は尿中のフタル酸エステル濃度が高くなりやすい。これで、尿のフタル酸エステル濃度の高さと小児肥満の関連を説明できる。[172・173] これを「逆の因果関係」という。しかるべき注意を払って解釈すると、こうしたデータも肥満促進物質の仮説を立てるのに十分使えると私は気づいていたが、決定的なことは何も言わないようにできるだけ気をつけていた。

それでも、ＣＤＣのデータによるインスリン抵抗性の測定値を解釈すると同時に、それと化学物質の測定値との関係も解釈するほうが、私には簡単に思える。体格は、変わるのに時間と継続的な活動を要するが、それよりも膵臓の機能と血圧のほうが、ストレス因子への応答性がはるかに高いからだ。逆の因果関係は、ここでもあまり問題にならない。私は、ニューヨーク大学で同じチームのすばらしい科学者テレサ・アッティナ博士と一連の研究をおこなったが、その研究では、フタル酸エステルが子どもの代謝と心血管系にリスクをもたらす可能性が示された。私たちはまず、二〇〇三年から二〇〇八年まで、ＤＥＨＰが今より広く使われていたころのデータを調べ、一三〜二〇歳の青年期の血液で測った空腹時のインスリン抵抗性の値が、尿中のＤＥＨＰ分解生成物のレベルと直接関係していて高いことに気づいた。[174]同じことは血圧についても言え、[175]その影響はわずか六歳の子どもにも現れていた。ＣＤＣはこれほど幼い被験者からは採血しておらず、ましてや幼い子に六時間以上絶食しろとは言わないので、空腹時血糖値のデータは入手できない。次に私たちは、もっと新しい、二〇〇九年から二〇一二年までのデータを調べた。すると、ＤＥＨＰとの関連はそれほど強く見られなかったが、ＤＥＨＰの代替物として知られるＤＩＤＰやＤＩＮＰという別のフタル酸エステルが、高血圧やインスリン抵抗性の高さについて同じ傾向を示していた。[176・177]

大気汚染は肥満を促進するのか？

大気汚染は、とりわけそれが気候変動と密接にかかわっているため、世界の指導者たちの関心を集めている。化石燃料を燃やすような産業活動は、二酸化炭素だけでなく、私たちが吸い込む化学物質をも放出し、子どもの喘息を悪化させている。大気汚染をもっとつぶさに検討するとしたら、肉眼で見えないほど小さくて非常に見つけにくい粒子とガスが複雑に混じり合っていることを考える必要がある。粒子のサイズが小さいと、血流に入りやすくなり、冠動脈に炎症を起こして心臓麻痺をもたらしたり、脳の血管にも同じような問題を引き起こして脳卒中につながったりする。疾病のリスク因子を評価する世界疾病負荷プログラムを率いるワシントン大学の研究者たちは、屋外の大気汚染を、世界で年間二五〇万人の死者を出しているとしてリスク因子のほぼトップに据えている。[178]

世界疾病負荷プログラムの研究者は、まだEDCとその影響については計測できていないが、大気汚染の影響には内分泌攪乱も含まれていた。粒子には化学物質が存在するためだ。ニッケル、カドミウム、水銀などの金属も大きな構成要素なので、こうした金属もホルモンを攪乱するおそれがある。さらに、化石燃料の燃焼によって、やはりさまざまな影響を及ぼす多環芳香族炭化水素（ＰＡＨ）も生じる。その一部はエストロゲンだが、[179]男性ホルモンの機能に拮抗するものもある。[180]ＰＡＨは、甲状腺ホルモンを攪乱することもある。[181]そして、脂質や糖の代謝で重要な役割を果たすＰＰＡＲ受容体にも影響を及ぼしうる。[182]またコロンビア大学のジニー・ラウの同僚は、体格指数（ＢＭＩ）の測定値にもとづく肥満リスクの増大と、妊娠中の曝露レベルが高い母親から生まれた子の七歳での体脂肪の増加を突き止めている。[183]

大気汚染は、炎症と酸化ストレスを身体にもたらし、とくに膵臓はそうした危害によるダメージを受けやすいこともわかっている。さらにドイツ環境衛生研究センターのカトリン・ヴォルフ博士らは、粒子状物質への曝露レベルが高い成人が、とりわけ前糖尿病を患っている場合にインスリン抵抗性が高いことを明らかにしている。[184]彼らは、胎内で代謝のシグナルをやりとりするのに利用されるレプチンというホルモンのレベルが高いことも見出した。ほかにもヒトを対象としたいくつかの研究で、大気汚染が糖尿病の原因になることが示されつつある。[185]だが、糖尿病の世界規模の流行の高まりに対処するプランを立てるうえで、大気汚染はまだ必要な注目を集めていない。科学者は、環境と糖尿病について語る際、身体的な環境を強調しようとする。[186]しかしこの直接的なものだけ見るアプローチでは、化学的な環境が糖尿病に結びついている有力な科学的証拠をとらえそこねてしまう。

ビスフェノール類と肥満

ＰＢＤＥやフタル酸エステルが脳障害と関係し、ＤＥＳやＤＤＴがほかの異常と関係しているように、ＢＰＡも、科学者が初期の警告信号を送ったときに私たちがアクションを起こさなかった影響を受けているかもしれない化学物質だ。実験室でのＢＰＡの研究から、それは肥満促進物質の典型的な特性の多くをもつことがわかっている。脂肪細胞を大きくする役目を果たし、活性は低いがＤＥＳのような合成エストロゲンなのである。さらに、心臓病を防ぐアディポネクチンというホルモンの働きを妨げる。[187・188・189]

ビスフェノール類は、食品や飲料の金属製容器に腐食防止の目的で使われている。こうした容器が開発された当時、その物質が劣化によってコーティングから中身の食品にしみ出すとは、メーカーにはわかっていなかった。[190] 子どもがどのように曝露を受けるのか、ＢＰＡの最も危険な出どころは何なのかをより良く知るために、就学前児童を対象とした示唆に富む研究では、埃《ほこり》と屋内・屋外の空気や食物のサンプルを集めていた。その結果は、ＢＰＡ曝露の九九％は固形や液状の食品に由来することを裏づけていた。[191] どの食品も汚染を受けやすいが、酸性度が高いせいで汚染が悪化するわけではない。むしろいくつかの研究は、中性のpH（ピーエイチ）の食品が最も汚染のレベルが高いことを示している。[192]

二〇一七年、ジュリエット・レグラーと私は『エンヴァイロンメンタル・ヘルス・パースペクティヴ』誌に、齧歯類における幼時のBPA曝露と、それが肥満にかかわる指標に及ぼす影響について、網羅的で体系的な文献レビューを掲載した。[193] 私たちはまた、メタ解析――複数の研究の結果を統合するのに用いる手法――もおこなった。すると六一の研究のすべてで、体重、体脂肪量、遊離脂肪酸の大幅な増加や、レプチンが増加していると考えられる（だが、偶然によって説明できる可能性を否定できるほどの増加ではない）興味深い傾向を見出した。レプチンは代謝を調節するホルモンで、それについて得た知見からは、生まれて三年間の子どもの成長パターンを予測できるので重要だった。

ジニー・ラウが調べたマンハッタン北部とサウス・ブロンクスの子どものコホートでは、出生前のBPA曝露が、七歳児の体脂肪量および体脂肪率と関係していた。[194] スペインの研究では、妊娠中の母親のBPAレベルが高いと、四歳までに子どものBMIが――ミシェルのように――高くなる傾向が見出されている。[195] メキシコ系米国人を対象にしたカリフォルニアの研究では、同じ傾向は示されず、妊娠中よりむしろ幼少時のBPAレベルに応じた九歳でのBMIの増大が明らかになった。[196] さらに、オハイオ州でアフリカ系米国人の出生コホート（同時出生集団）を調べた研究では、ＢＰＡレベルの高い幼児において、二〜五歳でＢＭＩの急激な増大が報告されている。[197]

こうした研究の結果は実験室のデータほど一致してはいないが、ヒトを対象とした結果のあいだの違いについては、いくつか説明が考えられた。ＢＰＡはたいていの場合、数日で体外に排出され、[198]こうした研究は一般に、何か月にも及ぶ妊娠期間のあいだでひとつかせいぜいふたつの尿サンプルしか調べていない。それに、この章の初めに紹介したバーカーの仮説を覚えているだろうか？　オランダの研究では、ミシェルに見られた「倹約表現型」のパターンと同じように、妊娠中の尿中ＢＰＡレベルの高さが、胎児の成長の遅さと関係していることが明らかになっている。[199]現在、同じ集団での研究がさらにおこなわれ、出生前のＢＰＡ曝露が、（ミシェルは完全には元に戻せなかった）出生後の急激な体重増加と関係しているのかどうかを確かめようとしている。

ブルースやジュリエットなどのＥＤＣ疾病負荷ワーキング・グループのメンバーが小児肥満に対するＢＰＡの影響を検討していたころ、ジニー・ラウのコホートを対象としたＢＰＡ調査の結果はまだ公表されていなかった。これは重要な事実だ。ジニーらの研究では、出生前のＢＰＡ曝露との関係で子どもの体脂肪量を測定していたからである。[200]私たちのグループがその情報を得ていたら、因果関係の確率をもっと高く見積もっていたかもしれないが、そんなことをあとからあれこれ言ってもしかたない。ヒトでの証拠は十分に確かなものではなかったので、グループは、因果関係の確率について狭い範囲で完全に意見を一致させることはできなかった。ほぼ二分の一の確率だと認めたがる人もいれば、ヒトでの研究のやり方が重要な知見を見逃す要因になるとして咎《とが》め、確率をむしろ三分の一に近いと見積もる人もいた。研究によってＢＰＡが小児肥満のリスク因子だと確かめられたら、それによって四歳児の肥満の二％近くが説明できる可能性がある。米国では三万三〇〇〇人、ヨーロッパではおよそ四万二〇〇〇人分だ。

これを多いと思わない人もいるかもしれないが、肥満の原因がたくさんあることは強調しておかなければならない。遺伝的特質、食生活、身体活動、「置かれた環境」、ほかの化学物質も原因となるのだ。もっと大きい一〇％などといった割合になることは、実際には信じがたい。一方、二％のような小さな割合が経済に大きなコストをもたらすことは、信じがたくはない。大人の場合と同じく、肥満の子どもにも標準体重の子どもより保健医療のコストがかかる。肥満の子どもは肥満の大人になりやすい。すると、そうした肥満の大人にかかる保健医療のコストは――それに彼らが失った健康な年月も――子どものころの肥満に直接結びつけられることになる。米国とヨーロッパでは、二〇一〇年のＢＰＡ曝露によるコストはそれぞれ二四億ドルと二〇億ドルだった。

心臓病を防ぐアディポネクチンというホルモンをＢＰＡが阻害することについて触れたのを覚えているだろうか？　英国エクセター大学のデイヴィッド・メルツァーらは、実験室で最初に明らかにされた懸念をヒトで裏づける一連の研究結果を公表している。[201・202・203]　研究のやり方はそれぞれ違い、対象集団も異なる（ひとつは米国で、ふたつは英国の別々の都市）。結果は著しいもので、医師の診断によっても、冠動脈に色素を注入して狭窄の度合いを測ることによっても、冠動脈疾患の増加が示された。最近私は、米国だけで、新たに生じた冠動脈疾患三万四〇〇〇例近くがＢＰＡ曝露によるものであり、継続的な曝露で毎年一七億ドルを超えるコストがかかると推定している。[204]

こうした疾患によるコストは莫大なものになる。それを軽減する方法を考えるべきではなかろうか？　化学物質による汚染を避けることで健康状態が良くなり、余計な医療費が減らせるのなら、だれにとってもいいことなのではないか？

今あなたにできること

このような曝露がもたらす肥満促進効果や心血管リスクのなかには、ありがたいことに元に戻せるものもある。ある研究では、「フタル酸エステルなし」と表示されたケア用品を選ぶことで、若年女性の尿に含まれる、あるLMWフタル酸エステルの量が二七%減っている。[205] 食品包装は、フタル酸エステル曝露の大きな原因となる。[206] 生鮮食品を多く食べるほど、脂質や糖の適切な代謝に悪影響を及ぼしうるDEHPへの曝露が減る。[207] 地中海料理中心の食生活も、PFOAレベルの低下と関係していた。[208・209] 一般にこうした食生活が「健康的」と言われるのは、心臓を守ってくれる抗酸化物質が多い葉物などの野菜がふんだんに使われているからだ。そのような食事は、内分泌系や心血管系にダメージを与えるおそれのある残留性の有機汚染物質で汚染されている可能性も低い。

あなたが踏み出すべきもうひとつのステップは、身近なプラスチックをよく知ることだ。米国では、プラスチックの容器は底にリサイクルのナンバーを表示することになっている。ナンバー3はフタル酸エステル、6はスチレン、7は以前はBPAだったが今はあいまいに「その他」に分類され、同じぐらい怪しいBPA代替品も含まれる〔訳注／日本ではナンバー1のPETが米国と同じである以外は、「プラ」というカタカナの図案の下に材質をアルファベットで表示している〕。FDAが哺乳びんや幼児用の蓋付きカップでの使用を禁止してから、プラスチックのボトルや容器を製造するほとんどの企業はBPAの使用をやめている。だが、「BPAフリー」は必ずしもビスフェノール類なしということではないのだ。

どんなプラスチックも食器洗い機で洗ってはいけないし、電子レンジに入れてもいけない。熱はプラスチックを劣化させて食品や水などに化学物質をしみ出させる。使い捨てのものなら、それを守って一度しか使わないようにしよう。プラスチックに「エッチング」が施されているのに気づいたら、使用をやめて安全にリサイクルに回そう。ガラス製の容器を使えばこの問題は完全に回避できる。家庭では、なるべくプラスチックよりガラスの容器に入った食品を買い、残り物はガラスの容器に保管しよう。缶詰食品の消費を減らすのも、ビスフェノール類への曝露を減らす手だてとなる。インクを使わない感熱紙のレシートは、要らなければ受け取らない。

オミクス（-omics）のあれこれと、それが何の助けになるか

近々、さらなる朗報が訪れるかもしれない。本書ではすでに、ある種の遺伝子の発現に対する化学物質曝露の影響について語った。ミシガン大学のデーナ・ドリノイらは、マウスを使い、遺伝子に対する化学物質の影響が食事によって変わる可能性を示す研究をおこなった。すると、マウスが葉酸を摂取すると、肥満につながるＢＰＡ曝露の影響が減るようだった。実験に使われたアグーチ・マウス（鮮やかな黄色を生み出せる変異遺伝子に由

来する名前）は、食事で治療介入してゲノムを正常にプログラムしなおせる有望な能力の存在を明らかにした。アグーチ・マウスは、曝露を受けていない母親から生まれたものは暗い色になるが、ＢＰＡのレベルが増すと黄色に近づいていく。研究者たちがマウスのアグーチ遺伝子の発現を調べたところ、ＢＰＡ曝露と直接関係して発現も増加していることがわかった。また、ＢＰＡ曝露を受けた母親に葉酸を与えると、生まれるマウスの色は茶色に戻り、アグーチ遺伝子の発現も減った。[210]

さらにヒトでもそこまで言えるだろうか？　そんな処方箋ができるのはまだ一〇年以上は先になるが、エピゲノミクス（epigenomics）〔訳注／エピジェネティクスをゲノム全体でとらえた概念〕の可能性を示す証拠となる。エピゲノミクスはかなり新しい科学分野で、遺伝コードそのものは変わらずに起こる「遺伝子発現の変化」がもたらす影響を調べ、予防の取り組みを後押ししている。

オミクス（生物学のいくつかの分野を指して使われるようになっている接尾語–omicsで、たとえば遺伝的特質の研究はゲノミクス〔genomics〕、タンパク質の研究ならプロテオミクス〔proteomics〕、代謝による小分子の分解産物の研究ならメタボロミクス〔metabolomics〕という）の急激な拡大は、ほかの可能性の領域も切り開いた。肥満研究における難題のひとつは、慢性化する前に初期の警告信号を発したり元に戻すチャンスを与えたりする、代謝の健康状態のバロメーターがたくさんあることだ。メタボロミクスの分野では、ヒトの体内で酵素などの分子マシンが食物をはじめ環境からのインプットを処理してわずかに生み出す、何百もの化学物質を選別・測定している。[211] 合成化学物質による代謝の攪乱を検知する早期警戒システムがある世界を考えてみよう。これには①BPAなどの化学物質が代謝に引き起こす変化のパターンを見出す、②そうした代謝の変化による影響を記録する、というふたつのステップが必要になる。研究で、食事をはじめとする環境因子が代謝に引き起こしうる変化も調べられている。これはミシェルの助けにはならないかもしれないが、ミシェルの子どもが育つ際に助けになる可能性がある。

缶の内面塗装に含まれるビスフェノール類を、肥満促進効果のないもっと安全な物質に置き換えれば、何千例もの小児肥満や何万例もの冠動脈性心疾患の新たな発生を防げる。代替物質の一候補はオレオレジンだが、その安全性を確かめるにはさらなるテストが必要だ。ビスフェノール類を置き換えることの経済的利益と明確な動機付けを考えてみよう。BPA代替物質のひとつ、オレオレジンの潜在的なコストはひと缶あたり約二・二セントだ。食品や飲料の缶は年間一〇〇〇億個生産されているので、代替によるコストは二二億ドルになる。これを小児肥満や成人の冠動脈性心疾患にかかる医療のコストと比べると、結果は明白である。二〇〇八年のデータで、BPA曝露は、一万二四〇四例の小児肥満と三万三八六三例の冠動脈性心疾患の発生に関与していると推定され、社会的なコストの推計は二九億八〇〇〇万ドルだった。しかもこれは一〇年前の数字なのだ！

食品とかかわりのあるものからＢＰＡを取り除けば、ＢＰＡ曝露による小児肥満一万二四〇四例のうち六二三六例、新たに発生した冠動脈性心疾患三万三八六三例のうち二万二三五〇例を年間で防げるかもしれない。小さな数に思えるだろうか。しかし、防がれた例がもたらしうる年間の経済的恩恵は総計一七億四〇〇〇万ドルにもなる。[212] データがもっと必要だが、こうした健康面・経済面でもたらしうる大きな恩恵は、ＢＰＡより安全な代替品を用いることによる追加コストを上回るだろう。この恩恵は、ＢＰＡを単にＢＰＳやＢＰＰ、ＢＰＦ、ＢＰＺなどのビスフェノール類に置き換えても得られそうにない。ほとんど知られていないが、ＢＰＳはＢＰＡを上回るとは言わないまでも同等の合成エストロゲンであり、ＢＰＡよりも環境に残留し、同じぐらい八週未満の胎児には毒だ。[213・214・215・216・217・218・219]

健康に気を遣う今日の社会では、私も含め多くの人は、正しい食事をし、体調を維持し、健康的な生活を送るためにできるだけのことをしている。それでも、２型糖尿病や肥満になる多数の人は、何の落ち度もないのにその症候に至っている。ミシェルと同様、彼らは健康的な食事をし、頻繁に運動しているのに、過剰な体重増加と戦っているのかもしれない。だが、生活習慣以外の要因をもつ「生活習慣病」からひとりひとりを守るのに、できることは多くある。

5　男性生殖機能への障害

一九九二年、英国の作家P・D・ジェイムズが、精子数が激減してゼロになる未来を描く小説を出版した。その『人類の子供たち』（青木久惠訳、早川書房）〔訳注／邦訳はのちに映画化に合わせて『トゥモロー・ワールド』と改題されている〕では、物語の設定は二〇二一年のイングランドで、人口危機の高まりによって混乱がもたらされていた。ホランド・パークの女男爵としても知られる著者は、今では有名なこの小説で、精子数減少のタイミングを早めすぎたと批判されるかもしれない。しかし、あいにくその本とテーマ——精子数減少——は、将来にひそむはるかに大きな危機の先触れと言えるものだった。

偶然ではないかもしれないが、『人類の子供たち』の刊行と同じ年に、デンマークの小児科医ニルス・スキャケベクが、男性の生殖能力が下がっているという、P・D・ジェイムズの懸念を実証する結果を『ブリティッシュ・メディカル・ジャーナル』に報告した。

世界で六一の研究から一万四九四七人の男性のデータを集め、彼は一九三八年から一九九一年のあいだに精液の質が低下していることを示している。[220] これは、男性の生殖系を冒す疾患の頻度が増しているだけではなかった。二〇〇一年、スキャケベクは共通の原因をもつ一連の男性の疾患に対し、**精巣形成不全症候群（TDS）**という名をつけた。[221] 発生初期、胚は男性生殖腺を作り出すステップを開始するように特殊な形でプログラムされている。このプログラムが攪乱されると、生涯のいろいろな時点でいくつもの影響が生じうるが、その影響は症例ごとに異なる。TDSの最初で一番明白な例は、**尿道下裂**という出生時の尿道口の位置ずれだ。尿道の出口がペニスの先端ではなく、根元やさらに下、陰嚢近くにさえできるのである。この状態を修復する一手として、包皮がよく使われ、それにより、出生後の包皮切除ができなくなる〔訳注／米国では新生児期に多くの男児が包皮切除手術を受けている〕。

出生時にわかるTDSのもうひとつの例は、**停留精巣**という、精巣が完全に下りない症状だ。ときにはあとになって、外科的な修復が必要とされる前に、乳児期に下りてくることもある。精巣が下りてこない場合に治療介入する主な理由は、TDSにかかわる別の疾患――精巣がん――のリスクを減らすためだ。こうした疾患のあいだの関係は複雑で変わりやすい。精巣が下りなかった男児のすべてが精巣がんになるわけではなく、精巣がんになった男児のすべてが停留精巣や尿道下裂を患っていたわけでもない。

男性生殖器の障害

停留精巣のトレンドデータ（疾患の発生率の時間的変化を示す統計）をたどったり集めたりするのは難しいままだが、尿道下裂と精巣がんの異常増加のデータは非常に気がかりだ。デンマークでは、一九七七年から二〇〇五年までのあいだに尿道下裂が倍増している。[222]米国では疾病対策センターが、先天異常モニタリングプログラムのデータをもとに、一九七〇年代と一九八〇年代で同じような倍増を報告している。[223]精巣がんのトレンドデータは、いくつか挙げるだけでも、デンマーク、ノルウェー、スウェーデンのみならず、チェコ、ブルガリア、スペイン、オーストリア、オランダ、ポーランド、フィンランド、エストニア、リトアニア、ラトヴィアなど、データのある国々で、なおさら一致していた。[224]米国では、一九七一年から二〇〇四年までのあいだに精巣がんの発生頻度が七一％も増加している。[225]

ニルスはＴＤＳという名称を、男性の生殖系の障害がそれまで考えられていたよりはるかに高い頻度で存在し、増加の一途をたどっているようだという現実を論じるために使っている。遺伝的要因も確かにありそうだが、精巣がんの遺伝率は三七～四九%なので、遺伝的特質では大多数のTDSを説明できない。[226]遺伝的特質では増加の傾向も説明できない。DNAは一世代でそんなに急激に変わらないのだ。食事の要因を探る研究がまず一九七五年におこなわれたが、脂肪の摂取が原因ではないかとした最初の研究結果は、その後のもっと優れたやり方の研究では裏づけられず、食事の役割は決定的でないとしか言えなかった。運動の影響も注目されたが、精巣がんと一貫してかかわりのあるシグナルは見出せなかった。[227]

すると、環境要因が一番怪しくなる。研究により、合成エストロゲン（たとえばBPAやDES）として働いたり、テストステロンなどのアンドロゲン（男性ホルモン）の効果を鈍らせたりする化学物質が、尿道下裂や停留精巣、精巣がん、精子数減少を引き起こす可能性が明らかになった。インスリン様ホルモンの作用が、ライディッヒ細胞という精巣細胞の一種によって発現することもわかっている。このホルモンは、精巣の降下を指揮する重要な胚組織の成長と分化に影響を与える。このホルモンの遺伝子を欠損させると、左右の精巣が下りないマウスができる。この遺伝子がエストロゲンによって調整されていることも明らかになっている。こうしたパズルのピースをすべて組み合わせると、合成化学物質がホルモンを攪乱することによって三つのＴＤＳすべてをもたらすという推定原因が得られる。[228]

私が医学部のころに出会ったある患者は、大きな集団で見ると実在していても、個人への影響は不明瞭になるような問題の存在を明らかにしている。

エステバンと、精巣がんの謎

エステバンに会ったのは、一九九六年七月、医者になりたい者が医師免許の取得を申請する前にクリアしなければならない三段階の試験のうち、私が最初のものをパスした直後、医学部で初めて臨床実習のローテーションに入ったときだった。医学生が手術室で手順を見て手伝っているさなかに、先輩の所属外科医が抜き打ちで研修生に難解な知識を問うてくる。当時第一四版だった『サビストン外科学』は、持ち歩くにはちょっと分厚すぎたので、手術のあいだの空き時間に、私はヒューレット・パッカードの八メガバイトメモリの２００ＬＸポケットＰＣを取り出して医学用語の略語や覚え方を頭にたたき込もうとしていた。今日の医学生は第二〇版の電子ブックを利用できるが、電子化されたファイルはあのころ最新鋭だったポケットＰＣでも扱えないほど大きかったのだ！

エステバンの両親は農場労働者で、米国に移住してきた直後、母親はエステバンを身ごもった。その後彼は大学にかようために東海岸へやってきていたので、私たちは、どちらも自分の家族のなかで初めて大きな躍進をなし遂げたという点で親しみを感じていた。私の両親も、私が生まれる数か月前に米国へ移住してきて、エステバンの両親と同じように労働者階級として懸命に働き、わが子が立派になるための確かな道を敷いてくれた。今でも、夜遅くに母が清掃しているオフィスで宿題をして、がらがらの地下鉄に乗ってグリニッチ・ヴィレッジにある賃貸アパートに帰り、寝ていたのを覚えている。

エステバンは大学卒業を目前に控え、法科大学院にかようのを楽しみにしていたときに、陰嚢のこぶに気づいた。大学の医務局の医師もこぶを確かめると、すぐに私がローテーションに入っていた泌尿器科の外来に彼を行かせた。精巣がんだった。

エステバンの家族には、過去に精巣に問題が見つかったことはなかったが、エステバンは、自分の片方の精巣が、手術はせずに済んだものの案外遅くまで完全には下りなかったことを思い出した。停留精巣はかなり前から精巣がんのリスクを高めるものとして知られ、当時の『サビストン外科学』には、停留精巣の青少年に対し、陰嚢中に精巣を収める精巣固定術という外科的な治療介入が必要となることが説明されていた。そのころ、精巣がんと精子数の物騒な傾向に対し、内分泌攪乱物質は従来の医療のレーダーには捕捉されていなかったし、ニルスはまだＴＤＳの名称をこしらえた論文を発表していなかった。そのため、私たちの外来診療で主眼を置いていたのは、原因の特定ではなく対処だったのである。

農場労働者という両親の経歴は、当時の私はとくに気に留めていなかった。一般的な医学部のカリキュラムでは、職業上の曝露についてはずいぶん軽視されているので、私にはエステバンの両親が殺虫剤（農薬）にさらされていたかどうかについて、確かなことは言えない。だが、一九七〇年代の末にカリフォルニアの農場で働いていた農場労働者は、ほぼ確実に日常的に殺虫剤にさらされていただろう。いわゆる「持ち帰り曝露」は、殺虫剤を扱っている本人ではない家族にかなりよく見られる。労働者が衣服や履き物を替えないと、農地で使った殺虫剤をわずかに含む残留ダストを家に持ち帰ってしまうのだ。[229]

一九八〇年代まで、農場労働者の精巣がんリスクの研究は始まっていなかったし、その後、結果はばらついていて一貫性が見られなかった。しかし、もっとあとの研究では、殺虫剤を使用する人の調査で、スウェーデンや米国、英国で明白なリスクの上昇が見出された。どの調査も殺虫剤の使用の有無については自己申告に頼っていたので、いろいろな理由で問題がある。精巣がんになった人の記憶にバイアスがかかっている可能性もあり、どの殺虫剤を使っていたかを探り出すのも容易ではない。さらに、だれもが有意と認める形で、曝露の程度を定量化して集団間で比較することはほとんどできない。[230]実のところ、こうした殺虫剤を微量測定する技術は、私がエステバンに会ったころに現れだしたばかりだったのである。

私は、一般に研修の一環として二四時間から三六時間もの長時間シフトで働くことになっていた医学生の最後の世代だった。幸いにも今では過去のものとなっている睡眠不足のために、エステバンの話についてややあいまいなところがあったら、お許し願いたい。

それでも、DDTなどへの曝露を評価するために体内の殺虫剤レベルを測定した初期の研究では、確かに影響が見出されていた。また、DDTとその主な代謝産物であるジクロロジフェニルジクロロエチレン（DDE）についておこなったさらに前の研究でもそれは言え、精巣がんとの関係を一貫して示している。[231] 診断前に血清を採取して曝露を測定することで、さらにバイアスをなくしたふたつの研究でも、がんとの関係が明らかになっている。[232・233] 幸運にも、米国でDDTは、一九七二年、エステバンが生まれる数年前に、主にレイチェル・カーソンの活動のおかげで農業での使用が禁じられていた。それならエステバンのケースにDDT曝露が及ぼしうる影響は排除できそうに思えるかもしれないが、彼の母親はその前に何年も曝露を受けていた可能性があり、エステバンを身ごもっていたときに血清中のDDTレベルが高かった。

さらにひとつ、興味深いがまだ別個に確かめられてはいない、難燃剤と精巣がんを結びつける研究がある。レンナルト・ハーデルが、スウェーデンで精巣がんの男性の母親を調べ、対照群に比べてPBDEのレベルが高いことを見出したのだ。[234]この研究の問題点は、PBDEの測定が、これまで妊娠中の曝露のあとにしかおこなわれていないことである。PBDEは、実験室ではアンドロゲンに悪影響を及ぼすことが確かめられている。[235]難燃剤の使用量が多いと思われる消防士への影響については、興味深い文献があるが、決定的なものではない。[236]消防士の研究では、血清サンプルで曝露を測定するのでなく、アンケートに答えてもらっていたのだ。この一貫性のない調査は、幸いにもまれにしか生じない疾患の研究が難しいことの証拠でもある。精巣がんは一五歳から四〇歳の男性ではとくに多いタイプの悪性腫瘍だが、米国立がん研究所のデータによれば、診断が下るのは年間で一〇万人に六人未満なのだ。[237]

エステバンの母親が彼を身ごもっていたころ、PBDEは米国じゅうで広く使われていた。普及していたのは、家具に難燃剤を加えることを求めるカリフォルニア州法のためだった。当時母親の血中PBDEを測ったら、高レベルだっただろうか？　私にはわからない。スウェーデンで見つかった関連性を説明する別の要因が何かあった可能性はあるだろうか？　それはイエスだ。

ところで初めのボストンでの話に戻ると、エステバンはがんのステージを評価するために血液検査と画像診断を受けた。超音波検査ではかなり悪性のがんのように思われたが、ほかの大半の検査は良い知らせをもたらした。腫瘍は、大きくなったように見えたふたつのリンパ節を除けば体内に広がっておらず、そのリンパ節もサイズは二、三センチメートル未満だった。腫瘍マーカーはひとつだけわずかに上昇し、現在ならステージⅡAの精上皮腫に分類されることを示していた。リンパ節に転移していても、外科手術と放射線治療をおこなったあとのステージⅡA精上皮腫の一般的な生存率は九六％だ。定期的な血液検査と効果的な化学療法と放射線治療によって、これは治療可能な病気となった。[238]

なぜ私が治療可能な病気の患者のことを書いているのだろうと思う人もいるかもしれない。確かに、私たちが生きている社会では、医療の進歩によって、かつて死に至る病だったものが今では治療できるようになっている。それはすばらしいことだ。私が医学の道へ進んだのは、ひとつには医療イノベーションがもつ威力のためだった。私はまた、疾患に対して処方箋を書く時間が短縮され、予防可能な根本原因に的を絞ってもっと労力をかけられるようになるかもしれないこともわかっていた。さらに、化学物質への曝露がもたらしそうな疾患が、治療のためにほかの化学物質（医薬）への曝露を必要とするという大きな皮肉もある。エステバンのように前途有望な法律家の卵が、それまで自分でずっと人生を歩んできて、本来なら両親が夢にも見なかったかもしれないほど多くをなし遂げていたはずなのに、プロフェッショナルとしての成長の道を迂回せざるをえなかったというのは、決して小さな試練ではなかった。そのため、私が睡眠不足だったにしても、この話は病気を防ぐ医療従事者の敗北として頭を離れることがなかった。これまで私たちが、多くの病気を治療するすばらしい手法を編み出してきたとはいえ。人々の生き方に対するEDC曝露の影響を訴えることも、たとえ治療可能であっても大事なのだ。それに、治療にはそれ自体が及ぼす影響もありうる。化学療法は、のちに二次がんのリスクを増すことがよく知られている。

PBDE〔第3章参照〕**曝露、精巣がん、停留精巣**

二〇〇七年、デンマークとフィンランドで、停留精巣の男児とその疾患をもたない同様の集団で母親の母乳と胎盤組織を調べた研究が、人生の最初期における曝露の評価に使用された。ニルスのTDS仮説と一致して、母乳のPBDEレベルは、停留精巣の男児の母親では、ほかに比べてはるかに高かった。胎盤での難燃剤のレベルについては違いがなかった。だが、PBDEは非常に脂溶性が高いので、胎盤にはあまり蓄積されない。だから、胎盤での違いは母乳よりも検出しにくいのである。

停留精巣は、精巣がんよりはよく見られるが、それでもなるのは男児一〇〇人にひとりの割合にすぎない。[239] 手に入るデータをもとに、私たちは、男児集団の四分の一で停留精巣のリスクが高く、とりわけ曝露レベルが高い子どもでは四七〜八六％増大すると推定した。するると、デンマークとフィンランドで毎年四三〇〇人の男児が、精巣がんになるのを防ぐために外科的処置を必要とすることになる。専門家たちは、PBDEについて因果関係がある確率を、精巣がん（一〇分の一に近い）に比べ停留精巣（ほぼコイントス並みの二分の一）のほうがはるかに高いと見積もっている。[240]

専門家たちが調査結果を公表して三年後、『エンヴァイロンメンタル・ヘルス・パースペクティヴ』でカナダの研究が、停留精巣の新生児を産んだばかりの母親の毛髪に、そうでない母親のものより高レベルのPBDEが見つかることを明らかにした。[241] また、本書を書き上げた時点で、カナダの別の集団を対象とした新たな研究が、尿道下裂の新生児の母親でも毛髪のPBDEレベルが高いことを示している。[242] こうした研究結果がもっと早く手に入っていれば、EDC疾病負荷ワーキング・グループはもっと確たる結論に到達していたかもしれない。

衰えゆく私たちの生殖能力

私が新生児集中治療室でマーティンに会ったのは、二〇〇〇年の終わりで、研修期間の二年目だった。マーティンは、子どもができるよう一年以上挑戦していた夫婦から、予定より八週早く生まれた。当時、保険会社に体外受精（ＩＶＦ）の費用を出してもらうことは、容易ではなかった。幸いそのころから、米国で一五州が保険会社に不妊の診断と治療の費用も補償することを求める法律を成立させていたが、その一五州のすべてが体外受精の補償を求めているわけではなかった。体外受精にかかる多額の費用のことはしばし脇に置くとして、マーティンの母親スーザンは、心理的にマラソンを走っているようなもので、胎児が子宮から早く出ることを見越してマーティンの肺の成長をうながすステロイドの点滴を受けながら、四週間のベッドでの静養を耐え抜いた。そしてようやくゴールして、マーティンが生まれたのである。

マーティンの両親は、どちらも三〇代初めという点で珍しかった。今日体外受精を求める多くの人より若かったのだ。ふたりとも、徹底的な精密検査を受け、自分たちの不妊に対して単純で治療可能な原因が突き止められないことを確かめていた。科学文献ではいくつかの論文が、一九七〇年代から八〇年代にかけて合成化学物質の曝露を受けた男性労働者に不妊の問題が現れていることを示していたが[243・244]、不妊の精密検査に当時そうした点の質問事項があったとしても、スーザンは会計士で、夫のデイヴィッドは弁護士だったので、とくに目を引くような答えは得られなかっただろう。またふたりとも、問題となる特殊な化学物質や大量の化学物質への曝露をもたらしうる趣味などの活動をしていなかった。

今では、スーザンとデイヴィッドと息子のマーティンのような話ははるかに多くなっているように思える。米国における出生率は、記録に残るかぎり最低のレベルにある――ベビーブーム絶頂期の一九五七年には女性一〇〇〇人あたりの出生数が一二二・九だったのに対し、二〇一六年には五九・八だ[245]。ほかの先進国も同様の傾向を見せている。

もちろん、不妊と、体外受精などの生殖補助技術の利用が増えた要因のすべてが、環境で説明できるわけではない。妊娠の高齢化や、家族の人数を少なくしたい要望など、多くの要因がこの傾向をもたらしている。一九七〇年から二〇〇〇年までのあいだに、初産の母親の平均年齢は三・五歳上がって二五歳近くになった。二〇一四年には、それが二六・三歳だ[246]。文化的規範、避妊法の利用機会、教育、雇用といったものの変化も、状況を明らかにするうえで考慮すべき要因に含められる。肥満も増加しており、男性や女性の生殖機能に影響を及ぼすことがわかっている。

不妊について調べる

不妊の割合を見積もるのは厄介かもしれない。疾病対策センター（CDC）の研究者らは、全米家族調査という定期調査を用いて、その割合を見積もろうとした。この調査で用いられた手法ではそれを低めに見積もっているようだが、それでも二〇〇六〜二〇一〇年の調査のデータは、既婚女性の一二％が妊娠したりそれを持続したりしにくいと言っていることを指摘している。[247] CDCの調査では測られていないが、不妊を「一二か月かけても妊娠しない状態」と定義する場合、妊娠までの期間（TTP）は一般的な尺度となる。妊娠を目指す夫婦を追跡する集団ベースの研究で注意深く測定されたTTPを使えば、不妊率はずっと高く見積もられ、フランスで二四％にもなっている。[248]

不妊を追跡するもうひとつの手だては、不妊治療に使われる医療処置がおこなわれた数をかぞえることだ。実のところ、生殖補助技術（ART）の利用についてはデータが多くあり、CDCがデータを集めだした一九九六年には六万四〇〇〇件が報告されていた。その数は着実に増加し、二〇〇二年には一一万五〇〇〇件を超え、二〇一四年には一七万件近くになっている。[249]

多くの国で、出生率は、人口置換率――人口の維持に必要な出生率――のあたりか、それを下回っている。デンマークでは、出生率の継続的な低下がきわめて緊迫した脅威と認識され、政府がメディアと広告を駆使して大々的なキャンペーンを展開し、若い夫婦に子どもをもうけるように奨励している。[250] だが、子をもうけたいという願望がなくなったことではなく、能力がなくなったことが問題なのだとしたらどうだろう？

アルフォンソ・キュアロンが『人類の子供たち』を映画化した作品『トゥモロー・ワールド』は、アカデミー賞に三部門でノミネートされ、おそらくジェイムズの原作よりよく知られている。映画でキュアロンは、P・D・ジェイムズのストーリーを大幅に変え、男性でなく女性の不妊の問題にしている。EDCとリプロダクティブ・ヘルス（生殖にかかわる健康）の分野でとりわけ有名な研究者、ジョージ・メイソン大学のジャーメイン・バック・ルイスなら、生殖能力にかかわるまっとうな研究は、夫婦両方の環境曝露を考慮する必要があると言うだろう。

この章の前半で、精巣形成不全症候群に含まれる三つの疾患――停留精巣、尿道下裂、精巣がん――に注目した。どれも、男性の尿生殖路の発達が攪乱されると生じる。尿生殖路の作りを攪乱できるのなら、精子を産生する精巣の細胞も攪乱できると思うのも当然かもしれない。なにより恐ろしい影響の可能性は、発達が攪乱されたそのような細胞でがんが生じうることだ。精巣の精子産生能力も落ちる。ニルスが二〇〇一年に初めてTDSのことを記すと、精子数減少が、男性生殖器の問題として発生が増加している四番目の疾患となった。これも環境に要因があることを示唆している。

それどころか、イスラエルのブラウン公衆衛生大学院のハガイ・レヴィンらは、ニルスと同じ分析をさらに拡大しておこなった。彼らは一九七三年から二〇一一年までに実施された一八五の研究による四万三〇〇〇人の男性のデータを調べ、西洋諸国で五九％の精子数減少を報告している。[251] 不妊クリニックに来た男性を対象としたいくつかの研究からも、フタル酸エステルへの曝露と精液の質の低下との著しい関連性が明らかになっている。[252・253・254] こうした結果は男性一般の集団には見られていないが、[255・256] 不妊クリニックに来るデイヴィッドのような男性は、フタル酸エステル曝露の影響を受けている可能性が高いのではなかろうか。

これらの研究の問題点は、発達の攪乱――いわば交通事故――が起きたずっとあとに、成人のフタル酸エステル曝露を測定していることだ。運転手にあたる出生前の環境曝露は、もう現場にいない。事故を起こした運転手を突き止めようとする刑事にとって、指紋など、事件を解決する手がかりを見つけるのは難しい。出生前のフタル酸エステルなどのＥＤＣへの曝露の場合、その手がかりは、肛門性器間距離というかなり特異な解剖学的尺度にあるのかもしれない。

肛門性器間距離

シーラ・サティアナラヤナ博士は、小児科学の准教授で、ワシントン大学環境労働衛生学部では非常勤の准教授を務めている。シーラが内分泌攪乱の研究に飛び込むことに決めたのは、学部生時代に『奪われし未来』を読んだのがきっかけだったが、そのキャリアへ導く道は母親によって敷かれていた。「母は産婦人科医で、ニューヨークで当時おこなわれていた『将来の家族のための調査』という長期調査についての記事を、私のために切り抜いてくれていたんです」と彼女は言っていた。

この調査は、男性の生殖能力の違いの環境要因を探っており、主導したシャーナ・スワン博士は、経口避妊薬の影響を調べる統計学者としてキャリアを踏み出していた。カリフォルニア州保健局での仕事を通じて、彼女は、環境中の化学物質も同じような予想外の影響を及ぼすという、より大きな懸念を耳にするようになった。それがきっかけで、彼女はフタル酸エステルなどの可塑剤が男児の性器発達に及ぼす影響を研究するようになり、そのうえ、幼い子どもの性別に固有の行動に及ぼす影響も調べるに至ったのである。

シーラと私は、環境医学を学ぶ小児科医向けのプログラムで初めて会った。ふたりで五年以上一緒にさまざまな研究に取り組み、今は乳児発達・環境調査（ＴＩＤＥＳ）という四都市での調査をおこなっている。これは、第３章で触れた「子どもの健康に対する環境の影響」プログラムの一環である。このプログラムでは、ＥＤＣなどの環境曝露の影響を知るために、全米の五万人の子どもから集めたデータを分析している。

シーラの研究は、男性の性徴と性的発育に対する合成化学物質のきわめて特異的な影響に狙いを定めていた。彼女らはすでに、妊娠初期におけるフタル酸エステル曝露と、ＴＩＤＥＳで判明した男の新生児に見られる性器異常の増加との関連を突き止めていた。シーラの研究がもたらしたことのひとつは、彼女いわく、「こうした化学物質が単独で作用するのではなく、つねに複合的な要因があり、そのため複雑な因果関係を理解するのが非常に困難だ」という認識である。

みずからの研究でシーラは、**肛門性器間距離（ＡＧＤ）**の計測に焦点を当てた。肛門からペニスの根元（陰嚢の裏側）や膣までの距離を測ることは、ふだんの健康診断ではおこなわれないが、その距離は、男性ホルモンや女性ホルモンに対する相対的な曝露がわかるマーカーになるので重要と言える。男児のほうが女児よりＡＧＤが長いのは、その部分の細胞がテストステロンへの曝露に応じて発達するからだ。しかし、さらに重要なことに、「この測定結果はほかの影響の兆しになる」ともシーラは説明している。男性でＡＧＤが短いと、精子数減少などの生殖障害と結びつき、女性でＡＧＤが長いと、テストステロンへの曝露レベルが高いことを示すため、重大な結果をもたらすおそれがある。動物では、出生前のテストステロン曝露が多すぎると、多嚢胞性卵巣症候群（ＰＣＯＳ）を発症することがある。[257・258]中国の最近の研究では、ＰＣＯＳの女性で肛門性器間距離が長いことが突き止められている。[259]

動物の測定では、子どものＡＧＤはのちのＡＧＤときわめて相関が高く、それは、この測定結果が一般にのちの生涯で受けたほかの影響に応じて変化しないことを示唆している。[260]ヒトの男性では、ハイメ・メンディオーラらが、ＡＧＤの短い男性は精子数が少ないことを報告した。[261]さらに動物実験から、フタル酸ジブチルなど、香水やマニキュア液に使われている低分子量フタル酸エステルが、ＴＤＳやＡＧＤ減少をもたらすことも明らかになっている。[262・263]シャーナ・スワンは、ＴＩＤＥＳをおこなっているシーラらとともに、米国の四都市の大きな出生コホートにおいて、妊娠初期での男児のフタル酸エステル曝露と関連するＡＧＤ減少を報告し、[264]もっと最近おこなわれたスウェーデンの研究も、前の章で触れた

DEHP代替物（DINP）への曝露と関係して男児で同様の減少を示している[265]。

このふたつの文献は、EDC疾病負荷ワーキング・グループが二〇一四年にコペンハーゲンで会合を開き、男性不妊に対するフタル酸エステルの影響を評価したころにはまだ手に入っていなかった。ワーキング・グループは、ジャーメイン・バック・ルイスによる重要な研究――妊娠を目指す五〇五組の夫婦を丹念に追跡した、生殖能力と環境にかんする長期調査（LIFE）――を頼りにしていたのだ。その研究からは、父親の尿に存在するフタル酸モノブチルとフタル酸モノベンジル（ポリ塩化ビニルに含まれるふたつのフタル酸エステル）の濃度が高いほど、妊娠までに要する期間が長いことが明らかになっていた。母親への曝露は、妊娠までの期間と関係していなかった[266]。

そのころ、ラス・ハウザーとニルス・スキャケベクらは、因果関係のある見込みは中程度（いわゆるコイントスぐらい）と見積もっていた。その見積もりは、その後の研究で得られた新情報によって高まったのだろうか？　そうかもしれない。新たな情報が振り子をどちらかの方向に動かす場合があるときには、つねに判断へのリスクがある。五分五分の見込みでも不安なら、米国で明らかにされた影響はあなたの気分をもっと悪くするだろう。ジャーメインらは、ふたつのフタル酸エステルへの曝露が妊娠までの期間を長くすることを見出したが、すると体外受精治療が何万例も増えることになるのだ。その結果、体外受

精治療のコスト は——体外受精による妊娠で起きやすい早産で生まれたマーティンのような子どもへの影響は含まずに——八八億ドルになる。[267] これには、静養によってスーザンが失った労働時間など、体外受精児の母親に対するコストも含まれていない。社会はまた、デイヴィッドとスーザンが耐え抜いた心理的な苦しみを防ぐ必要も大いにある。

アセトアミノフェンや食用色素がフタル酸エステルと共通する点は何か？　どちらも副作用として男性の生殖障害をもたらすのか？

アセトアミノフェンは、妊婦が服用しても安全だと産科医がみなしている唯一の鎮痛剤としてよく知られている。だが、妊娠中に服用する多くの薬と同様、アセトアミノフェンについても、動物での研究はおこなわれているが、妊婦での安全性は十分に評価されていない。フタル酸エステルが男性の生殖系に及ぼす影響に気づきだした研究者は、アセトアミノフェンとフタル酸エステルが化学構造において多くの共通点をもっていることにも気づいた。さらに不幸にも、複数の研究が、妊娠中によく使用されているアセトアミノフェンなどの鎮痛剤について警鐘を鳴らしはじめている。[268]

動物の場合、アセトアミノフェンへの曝露は雄の肛門性器間距離を短縮させる。ヒトを対象とした研究では、アセトアミノフェンを服用し、とくに妊娠中期にその曝露を受けた母親が産んだ男児に、停留精巣の割合が高いことが明らかにされている[269・270]。妊婦を対象としたすべての研究がこの減少を裏づけているわけではないが[271]、そうした研究のほとんどは、母親に妊娠中の比較的長期（六〜八週間ほど）にわたり鎮痛剤を使用した覚えがないか尋ねるアンケートを頼りにしていた。アセトアミノフェンは痛みや熱を長期的に抑えはしない。それは体からすばやく排出されるからであり、そのため妊娠中に受ける曝露は短く、タイミングもまちまちだ。そのタイミングが、男性の発達途中の生殖器にとって重要なのかもしれない。

もうひとつ、不確定な要因がある。**アニリン**という化合物をもつ、食品や衣類に使われている色素が、人体内でアセトアミノフェンに変わることがあるのは知っていただろうか。これはつまり、**食用色素**を避けろということなのか？　私がそう提案できるようになるのは、まだずっと先だろう。食用色素は、それ自体の懸念をもたらしている。それをなくすとADHDの症状が軽減する可能性を指摘している人もいるのだ[272]。現時点では、手に入るデータをもとに、内分泌攪乱を防ぐのに比較的容易に解決できる問題があると言うにとどめておくが、加工度の高い食品の摂取を減らすための議論に拍車をかけることになるかもしれない。

もっと説得力のある議論が出てくれれば、無用な鎮痛剤服用を減らすことになるだろう。レンヌ大学（フランス）のベルナール・ジェグーらは、テストステロンは臨床上正常な範囲にあるのに、テストステロンの産生を刺激するホルモン（黄体形成ホルモンという）が増すために、高齢男性に見つかるものに似た症候群をイブプロフェンが引き起こすことを明らかにした。こうして下垂体と精巣のコミュニケーションが機能不全を起こすことを、代償性性腺機能低下症という。代償性性腺機能低下症は十分無害に思えるが、性欲の低下、生殖能力の低下、関節炎、心疾患、糖尿病とかかわりがある。[273]

マーティンは新生児集中治療室でおよそ一か月過ごし、呼吸については最小限のサポートしか必要としなかった。彼への処置のほとんどは、しっかり呼吸ができていることの監視に集中していたので、脳は十分に成長できて健康な調子を維持し、腸への負担なしに摂食耐性［訳注／問題なく食物を摂取して消化できること］を獲得して体重が増加した。子宮内では成長が足りず、難しかったことだ。

私は研修期間を終えるとこの家族とかかわりを失ってしまったが、一般に体外受精児の認知能力の分析結果は、自然妊娠で生まれた子どもと変わらない。[274]しかし、早産児は予定日あたりに生まれた子どもに比べ、ＩＱが低いことが知られている。代謝機能や心臓の健康状態にもいくらか違いがあるようで、体外受精で妊娠して生まれた子どもは血圧や空腹時血糖値もやや高い。[275]

米国は、世界的に見て早産の率がきわめて高い。子どもの健康を予測するこの重要な指標に、環境要因が影響しているのだろうかとあなたは思うかもしれない。実際に影響している可能性を証拠は示唆している。マーティンが生まれた病院でおこなわれ、ケリー・ファーガソン（現在は米国立環境保健科学研究所在籍）らが発表した研究では、食品包装に使われているフタル酸エステルＤＥＨＰと、早産――とくに早めに陣痛や破水が起こることによる早産――の率の高さとの強い関連が報告されている。[276] フタル酸エステルによる早産が、内分泌機構によって起きているのかどうかを明らかにするのは難しい。フタル酸エステルは炎症や酸化ストレスも引き起こし、それらが胎盤を本来の状態ほどうまく機能させない可能性もあるのだ。

ＥＤＣ、勃起障害、前立腺

男性読者はいっそう暗い気分になるかもしれないが、ここでＥＤＣが**勃起障害（ＥＤ）**

をもたらすかどうかについて、いくらか情報を提供したい。テストステロンは男性の性欲の重要な要因なので、フタル酸エステルやＰＢＤＥがテストステロンの働きを阻害するのなら、その可能性は確かに出てくる。現在、フタル酸エステルと、四〇〜六〇歳の男性におけるテストステロンの減少との関連が明らかになっている。[277] それどころか、ある研究は、四〇歳男性の四〇％にある程度の勃起障害があり、[278] この障害の薬を服用している男性の大半は五〇代の初めから半ばであることを示している。

化学物質と**インポテンス（性交不能）**とを結びつける最初の報告は、一九七〇年、『ブリティッシュ・メディカル・ジャーナル』に載った研究で、農場労働者の五人に四人が除草剤や殺虫剤の使用後にインポテンスになったという証拠が提示されたときにまでさかのぼる。彼らの性機能は、化学物質との接触を断ち、ホルモン療法を終えると戻った。[279] カナダのもっと最近の研究では、血漿に残留する殺虫剤やＰＣＢのレベルと勃起障害との関連は見出せなかったが、[280] アルミ缶用にＢＰＡを使用している工場の労働者を対象にした中国の研究では、尿中のレベルの高さと、性欲の減退、勃起障害、射精困難との関連は確かにあるとされている。[281・282] さらに二〇一八年には、ナイジェリアの研究で、電子機器廃棄物を扱う男性においてテストステロンなど複数の生殖ホルモンのレベルの減少が報告されている。その労働者たちからは、水銀、鉛、カドミウム、ヒ素が高レベルで見つかっていた。こうした重金属はすべて、潜在的なＥＤＣでもある。[283]

私は泌尿器科医ではないが、こうしてざっと見た結果は、このテーマがさらなる研究の必要な領域であることを示唆している。ＥＤＣと男性の生殖能力にかんするこのような情報がかすむほどもっと重要で深刻なことは、こうした化学物質が母子や、子をほしがる男性に影響を及ぼすだけではないという事実だ。世界保健機関と国連環境計画は、二〇一二年の報告書で、全世界において**前立腺がん**が気がかりな増加を見せていることも明らかにしている。[284]

前立腺がホルモンに依存している組織であることはわかっている。エストロゲンの機能、アンドロゲン受容体、ステロイド分解酵素、さらにはビタミンＤといったものの撹乱は、すべて前立腺において確認されている。前立腺に影響を及ぼすことが知られているＥＤＣには、殺虫剤、ビスフェノールＡ、ＰＣＢ、除草剤、一部の重金属がある。ヒトを対象とした研究では、一部の殺虫剤やエージェント・オレンジ（ベトナム戦争で使われた枯れ葉剤）やヒ素の曝露を受けた男性で、前立腺がんの増加が見られている。[285]これも、ＥＤＣの影響を理解できるようになるのがまだ先の研究領域である。次の章で乳がんについて語るように、ヒトでの研究はきちんとおこなうのに数十年かかることもある。それは、対象となる疾患が、曝露後四〇年、五〇年、さらには六〇年も経つまで臨床上現れないためにほかならない。

6　女児や女性に有害な化学物質

女性の体と長期的な健康状態に化学物質がもたらす危害には、もっと早く科学の目が向けられるべきだった。化学物質への曝露は、**子宮筋腫**（子宮にできる悪性ではない腫瘍で、痛みや機能障害を伴い、生殖能力を低下させることもある）、**子宮内膜症**（通常は子宮内にある組織が子宮外に認められ、痛みや不妊をもたらしうる）、さらには命にかかわる**乳がん**とも関係していたのだから。

ニルス・スキャケベクが精巣形成不全症候群について報告したのと同じく、二〇〇七年にジャーメイン・バック・ルイス（現在はジョージ・メイソン大学保健福祉学部の学部長で、当時は米国立衛生研究所に在籍）は、卵巣形成不全症候群について報告しているが[286・287]、卵巣形成不全という概念は新しくはない。ほぼ七〇年前、オクラホマ大学のヘンリー・ターナーは、X染色体をひとつ欠失して生まれた女児に見られ、成長が遅く、翼状頸《よくじょうけい》

（先天的に首の両側から両肩にかけて皮膚がだぶついている状態）、幅の広い胸、間隔のあいた乳首など一群の特徴をもつ症候群について記していた。今ではターナー症候群と呼ばれている――X染色体の欠失を表す（45, X）あるいは（45, XO）ともいう〔訳注／この表記を核型といい、数字は染色体の総数、XはX染色体、Oは性染色体がないことを示す〕――この疾患の女性は、不妊症でもある。当初は卵巣萎縮と称され、のちに卵巣形成不全と呼ばれるようになった。こうした女性の超音波検査をおこなうと、染色体が四六本そろっている女性とはっきり異なる臨床所見が明らかになる。たとえば、卵巣が小さく、なかに嚢胞があったり、卵巣組織が機能を失っていたりする。幸い、この遺伝子疾患はまれで、生まれる女児二〇〇〇～二五〇〇人にひとりの割合である。[288]

卵巣形成不全症候群（ODS）については、現在わかっていることがさらに少ないが、核型が（45, XO）の場合と（46, XX）の場合で、基本的な生体特性はそう違わない。卵巣形成不全症候群の青年期の女子に対して腹部の超音波検査をおこなっても、まだ子宮内膜症や子宮筋腫になっていなければ、産科医や放射線科医は何も異常に気づかない。遺伝子検査をおこなって染色体をかぞえると、四六本すべてそろっていて、X染色体も二本ある。ところが、こうした女性の遺伝子をもっと細かいエピジェネティクス解析によって調べると、機能不全の前触れとなるさまざまな異常のシグナルを見てとれることがある。卵巣、卵管、子宮などの生殖系の発達の阻害は、子宮内にいるあいだに起こるが、こうした体内の変化は、女児が生まれるときの見かけには影響を及ぼさない。細胞レベルの攪乱の徴候が明らかになるのはあとになってから――数十年後――で、やがて、膣内の「腺疾患」という組織異常、子宮頸部や膣の狭小、子宮や卵管の異常、不妊、早期閉経、さらには乳んまでもが女性に現れる。このような女性は、大人になってから、妊娠しにくかったり、流産したり、婦人科の病気――子宮内膜症、子宮筋腫、卵巣内の卵母細胞の欠乏（卵母細胞が分裂して成熟すると、受精可能な卵子になる）、多嚢胞性卵巣症候群（ＰＣＯＳ）など――になったりする。ジャーメインは、内分泌攪乱物質がゲノムと相互作用すると、これらの機能障害や痛みや命にかかわる病気さえ引き起こす要因になりそうなことを突き止めている。[289]

統計によれば、女性の七〇％が、一生のうちにこうした病気の少なくともひとつを患う。いまや、世界じゅうで一億七六〇〇万人の女性が子宮内膜症と診断されている――診断を受けていない女性が非常に多いので、この数はおそらく実際より少ない。[290・291]不妊治療が大幅に増えていることについては、すでに前の章で述べた。重要なこととして、子宮内膜症や子宮筋腫も不妊の大きなリスク因子であると付け加えておこう。[292]

前の章で、男性の生殖系の病気が増えているという統計上の証拠を示すことができた。

それでも、生殖補助技術による不妊治療の増加の少なくとも一部は、女性の生殖能力の低下――女性が妊娠し、出産に至る能力にいずれは影響を及ぼすさまざまな病気――に原因がありそうだ。ドナー（提供者）の卵母細胞（卵子）の利用が増えている事実は、この懸念を裏づけている。[293]この治療法は、卵巣の機能が通常より低い場合や、ほかの生殖系の器官が機能していない場合に採用される。現在得られているデータは、男女でこのように不妊の増加をもたらす多くの要因を分析するには足りていない。子宮内膜症や子宮筋腫の増加を裏づける数値が得られていないのである。これらの病気の傾向を調べにくくしている一因は、治療のために手術の必要があるとしても、外来（日帰り）でおこなわれるようになっていることにある。外来手術の追跡調査は少ないため、データが大幅に足りないのである。

卵巣形成不全症候群に含まれる女性の生殖系の病気（子宮内膜症、子宮筋腫、女性が原因の不妊）がすべて急激に増えているとしたら、あらゆる医学の教科書にまだ記されていないのはなぜだろうか？　私は臨床医として赤ん坊を取り上げたり、女性を診察したりはしないが、産科や婦人科や内分泌科の仲間から多くを教わり、いまだに大勢の女性が内分泌攪乱物質についてあまり知らないわけが理解できるようになった。まずは、私が出会い、仲間の内分泌科医に紹介した、ある患者の話をしよう。

エミリーの早い思春期

エミリーは六歳のとき、ニューヨーク市の雪降る寒い水曜日の朝に、外来診療に連れてこられた。父親が、娘の胸がふくらみだしているのを気にして連れてきたのだ。母親の思春期が始まったのはもっと遅く、一〇歳のときだったので、エミリーに訪れたタイミングはちょっと驚きだった。エミリーはとても健康で、病気で入院したこともなかった。身長も体重も、ずっと同年齢の五〇パーセンタイルに収まっていたので、成長曲線も平均的な米国の女子のように思われた。担当した研修医は、経過を聞き取り、最初の診察をしてから、その日クリニックの指導医のひとりだった私にエミリーの話をしにきた。

私は研修医に、エミリーがクリームかローションを使っていないか尋ねた。ステロイドにはホルモン活性があり、胸の発達をうながす可能性があるので、その発生源となりうるものを考えていたのだ。このとき、合成化学物質のことは頭になかった。一般に炎症を抑えるために使われる、コルチコステロイドを含む医薬品にだけ目を向けていた。

なぜ私はＥＤＣのことを考えなかったのだろう？　内分泌学会はＥＤＣについて総合的な医学知識を高めようと率先して取り組んできたが、多くの内分泌科医は、今でもＥＤＣ

の使用について患者にまるで尋ねはしない。曝露を抑える安全で簡単な手順を知らないと、医師たちは口にすることさえ控えてしまうかもしれない。医療従事者のなかには、知識の差や勉強不足を露呈させたり、気まずい沈黙に至ったり、「わかりません」などの困った答えをさせそうな質問を、まったくしようとしない人もいる。

　私はエミリーの父親に、家族の病歴を尋ねた。がんの話になると、彼はしばしふたりきりで話したいと言った。エミリーの母親が乳がんで亡くなったばかりだったらしく、父親は、家族やとりわけエミリーが感じたストレスを気にしていたので、その話題に触れたくなかったのだ。

　最初に悲しみと共感がどっと胸に押し寄せてから、私はすぐに母親の乳がんとエミリーの早い思春期とが関係する可能性について考えはじめた。多くの乳がんでは、表面にエストロゲン受容体の多いがん細胞があり、エストロゲンに反応して増殖する。タモキシフェンは、エストロゲンの作用を弱める乳がん治療薬――内分泌攪乱を意図した医薬品――であり[294]、エストロゲンは、思春期に乳房や女性生殖器の発達をうながす重要なホルモンだ。母親がエミリーを身ごもっているときに合成エストロゲンにさらされたことが、母親の乳がんとエミリーの早い思春期の両方をもたらす引き金となったのだろうか？　エミリーの母親が生きていて、職業や薬の使用、日用品などの環境曝露にかかわる詳細な履歴を彼女から聞き取っていたとしても、私がヒトでの研究をもとにおそらく出さざるをえない答えは、医師がふつうは言いしぶるものだ。「わかりません」である。それでも、動物や組織を使った研究は危険信号を発している。

研修医と私は、エミリーの治療について、今後の進め方のプランを打ち出した。そこで、中枢性思春期早発症でないことを確かめる一連の検査を検討した。中枢性思春期早発症の場合、脳がゴナドトロピンの放出をうながすホルモンを作り出すことによって、思春期の開始を早まらせる。ゴナドトロピンは、性腺の成長を刺激するとともに、性的発育を始めさせるほかのホルモンを作るように生殖器官に命じるホルモンである。エミリーの臨床検査などで危険信号は出なかったので、私たちは、この病気の可能性については父親を安心させることができた。そして結局、**特発性思春期早発症**という考えにたどり着いた。「特発性」とは、病気の明確な原因がわからないことを示す言葉だ。当時、四年前でさえ、この診断は妥当に思われた。

今振り返ってみると、私たちが出した結論はあまり確かなものには思えない。ひょっとして、エミリーの母親が妊娠中――あるいは子どものころ――に化学物質にさらされたことが、ホルモンの働きに対し、母親自身の乳がんとエミリーの早い思春期の両方をもたらす一連の変化を引き起こしたのだろうか？　それとも、エミリーが幼いころにさらされた化学物質が、思春期を早く訪れさせたのか？　まだ、どちらと言えるだけの情報はそろっていない。そしてこの章を読むうちに、証拠がもっと不確かなように思えてくるかもしれない――実際そうなので。だが、倫理的・政策的・個人的観点から、あるいは思想が右であれ左であれ、今から四〇年、五〇年後に、化学物質への曝露が二世代以上にわたって影響を及ぼしうることがわかったら、私たちの社会は心安らかでいられるだろうか？　妊婦が化学物質にさらされると、少なくとも三世代――さらされた母親自身と、その子どもと、そのまた子ども――に影響が及ぶ可能性があることを忘れてはならない。生殖細胞は、精巣や卵巣にあって子どもができる元になるものであり、母親（または父親）がその母親の子宮にいるときからプログラムされている。（遺伝コードは変化せずに）遺伝子を発現させるシグナルが、家系図のさらに先の子孫にまで受け渡されるかもしれないという複雑さも加わると、津波のような影響の波紋がたくさん現れることになる。

　早い思春期の訪れは、母親を若死にさせた乳がんについて、エミリーに早くも警告していたのだろうか？　早い思春期は乳がんのリスクとしてよく知られているが[295]、のちの乳がんのリスクや思春期の発育の速度を変える方法はわかっていない。卵巣形成不全症候群の仮説は、いったん兆しが現れたら元には戻らないことを示唆しているが、思春期を早めたり遅らせたりしうるなんらかの曝露の存在をうかがわせる証拠はある。

私が研修医に、すぐに取り組むべき問題として環境化学物質への曝露を挙げなかったことを意外に思うかもしれない。実は私は、エミリーが内分泌科医の診察を受けに行ったあと、外来診療を再び訪れたときにそうしていたのだ。化学物質への曝露を帳消しにできるような治療法はないが、ＥＤＣ曝露を減らして、将来よく生きられるように今できることはたくさんある。曝露を減らす安全で簡単な手順を、医師は伝えてもよさそうなものではないか？　診察時間がどんどん短くなっていることは、臨床診療やとくに直接の治療に匹敵するほかのさまざまな焦眉の問題とともに、ずっと課題でありつづけるだろう。だが時間が短くても、（第7章で語るような）ＥＤＣ曝露を抑える手順を六〇秒で伝えるだけでも効果があることに変わりはない。

この一五〇年で思春期が急激に早まったというのも事実である。フランスで、一八五〇年に初潮（最初の月経）の年齢は一般に一五歳だったが、二〇〇〇年には平均で一二歳になっている。[296] 性器の発達にかんする最初の標準範囲は、一九七〇年にＷ・Ａ・マーシャルとＪ・Ｍ・タナーによって決定された。[297・298] 外来診療では今でも、一般に五歳ぐらいから始まる男女の発達評価を記述するのに「タナー段階」という用語を使っている。タナーらの知見によれば、女児の胸がふくらみはじめる平均年齢は一一歳で、思春期早発症は八歳より前に乳房や陰毛が発達する場合と定義されていた。

一九九七年、ノースカロライナ大学のマーシャ・ハーマン＝ギデンズらは、新たな標準を定める一連の研究をおこなった。そのデータから、女児の思春期の始まりには人種による差があり、アフリカ系米国人の女児では思春期早発症の徴候が比較的多く見られることが明らかになっている。[299] 標準をずらして定義をしなおす動きもいくつかあり、米国の三つの大都市圏を対象としたもっと新しい研究では、七～八歳で胸が発達する女児がかなりの数にのぼることが確かめられた。こうした傾向は、ほかの先進諸国で見られるものとも一致している。

この新たな標準は、好ましいことなのだろうか？　先進諸国で栄養状態が良くなったために、思春期が早まったのではないかと言っている人もいる。一方、社会的なストレスが思春期を早める要因になったとする人もいる。肥満もまた、知ってのとおり近年増えており、こうした思春期の低年齢化の要因かもしれないと指摘されている。

米国では、化学物質が思春期に影響をもたらしている可能性と、ほかの環境曝露や遺伝的特質とそれらが女子の乳がんリスクに及ぼす影響とを調べる、大規模な多地点での研究が始まった。これまでのところ、その研究のデータは、さまざまな化学物質への曝露が女子の思春期の発育を早めたり遅らせたりしうることを示している。ポリ臭化ジフェニルエーテル（ＰＢＤＥ）は胸や陰毛の発達の遅れと関係し、[300] また一部のフェノール類は

ＢＰＡに構造が似ていて**日焼け止め（ベンゾフェノン類）**や**抗菌性の石けん・歯磨き（トリクロサン）**に使われており、胸の発達の早さや遅さと関係していた。[301]

こうした結果は一貫性がないように思えるが、ここでもヒトは一度にひとつの化学物質にさらされているわけではないという現実に突き当たる。化学物質は、混在するほかの物質による曝露次第で、異なる影響を及ぼしうるのだ。たとえば私たちはかつて、化学物質がエストロゲンのように働くか、エストロゲン阻害物質のように働くかのどちらか（また同じように、テストステロンのように働くか、男性ステロイド系に対する拮抗物質のように働くかのどちらか）だと考えていた。だが、やがて事態ははるかに複雑であることがわかった。ある化学物質にさらされて体内の受容体が刺激されると、別の化学物質にさらされたときに、それ単独の場合よりも受容体の感受性が高くなることもある。同じ現象は医薬品でも起こる。ある薬が酵素の活性を高め、別の薬の作用を強めることがあるのだ。ある化学物質や医薬品が、別の化学物質や医薬品の代謝を遅らせたり早めたりすることもある。こうした作用の方向性はふたつありうる。拮抗作用と相乗作用だ。

思春期についての多地点の研究で避けられない制約のひとつは、化学物質のなかには、ひとつの尿サンプルで測定しても——ひょっとしたらふたつで測定しても——探しにくい形で、エストロゲンのように作用したりテストステロンの機能を攪乱したりするものがあるということだ。そうした化学物質をもっと頻繁に測定するような優れた研究が必要になる。多くの研究者は、第3章で触れた五万人の子どもを対象とする大規模なＥＣＨＯ研究で、胎児や子どもの化学物質への曝露と思春期に対する影響を、曝露の量を何度も測定することによって調べられるようになると期待している。

合成化学物質が女子の「新たな標準《ニュー・ノーマル》」をもたらしている可能性があり、生殖面の健康にもっと広範な影響を与えるもののひとつであることを示す、最も説得力のある証拠は、ジエチルスチルベストロール（ＤＥＳ）にまつわる話にもとづいている。胎児期のＤＥＳ曝露によって若い女性が膣がんになる可能性を報告した、アーサー・ハーブストらの画期的な研究については、本書の初めのほうで紹介した。だが、それはＤＥＳにまつわる話のすべてではない。ＤＥＳにさらされると、ヒトの女性もマウスも子宮筋腫になることが明らかになっている[302,303]。ＤＥＳへの曝露で遺伝子の発現状態が変わり、子宮組織の異常な増殖が起こって、この疾患がもたらされるのだ。

本書では喫煙についてあまり触れていないが、妊娠中にタバコを吸っていた母親を対象とした研究は、多くのことを教えてくれる。**タバコの煙**は化学物質が複雑に混ざったもので、そうした化学物質の多くはＥＤＣだ。事実、タバコを吸う母親から生まれた女性は、生殖上の問題を抱えることが多い。マウスでも、タバコへの曝露は同じような影響をもたらす。卵母細胞が減って、卵巣での性ステロイドの産生に影響が及ぶのだ。これによってヒトで見られる状況を説明できる可能性がある。[304]

ここまでにあなたはもうＢＰＡについて多くの知識を得ているので、ＤＥＳやＢＰＡのような合成エストロゲンが女性の生殖系に同じような影響を及ぼす可能性を意外には思わないはずだ。二〇一四年、イリノイ大学のジョディ・フローズらが文献を詳しく調べると、わずか七年の差で同様の調査について大きく異なる事実が語られていた。結果の変化は、ＥＤＣと女性の生殖面の健康にかかわる分野が急成長を遂げた証拠である。残念なことに、フローズらの報告には、ＤＥＳの場合と驚くほどよく似た言葉でＢＰＡのことが記されている。ＢＰＡは、動物や体外受精をおこなうヒトの女性で卵母細胞の質を低下させる。また、子宮の内面にあたる子宮内膜の成長に害を及ぼす可能性もある。受精卵が着床して胎児に成長していくために、子宮内膜には血管が多くなければならない。ヒトの場合、ＢＰＡへの曝露がアンドロゲンの活性を過剰に高めてしまうおそれがあり、その一因は、エストロゲンが多くなりすぎて体内のどこかでテストステロンに変換されることにある。性的機能不全を引き起こしたり、受精卵の子宮への着床を阻んだりするおそれもある。アンドロゲンの活性の増大はまた、多囊胞性卵巣症候群（ＰＣＯＳ）にＢＰＡが関与している可能性も示唆している。[305]

ＢＰＡが卵巣に影響を及ぼしている証拠は、二〇一四年、ＥＤＣ疾病負荷ワーキング・グループが文献を調べ、ＥＤＣによる女性の生殖障害がもたらす負荷を評価したときには得られていなかった。彼らはその代わりに、卵巣形成不全症候群に含まれるほかの病気に対して内分泌攪乱物質が及ぼす影響に調査の的を絞り、なかでも殺虫剤が子宮筋腫をもたらす可能性や、フタル酸エステルが子宮内膜症をもたらす可能性に注目した。[306] 動物実験からは、ＤＤＴなどの残留性有機汚染物質が子宮筋腫を引き起こす可能性が明らかになっている。[307・308・309] ＤＤＴは、エストロゲンに影響を及ぼす可能性がある。エストロゲンは子宮筋細胞の成長をうながすことがわかっており、子宮筋腫になると成長の調節がきかなくなる主な細胞型が子宮筋細胞なのだ。しかしワーキング・グループの専門家たちは、これが本当に正しいメカニズムだと確かめられなかったので、すでに述べたほかのいくつかの関連ほど、実験による証拠を高く評価しなかった。[310]

専門家たちが、ヒトを対象とした一一件の子宮筋腫の研究を調べてみると、一見したところ、研究結果には一貫性がないように思われた。子宮筋腫とＥＤＣにかんする研究は、それぞれ異なる曝露状態について調べていた。一部の研究は、代わりに説明がつく要因として、人種や年齢など、ほかにありうるリスク因子を考慮しておらず、診断基準もばらばらだった。いくつもの研究のデータを集めると、まるでリンゴとオレンジを一緒にするようなことになり、誤った解釈に至るときもあるのだ。

こうした研究のなかで最良のものは、ジャーメイン・バック・ルイスが主導しており、米国の一四か所の医療拠点で女性を募り、子宮内膜症の女性は除外していた。この研究は、腸を覆って守っている大網《だいもう》という腹腔内の部位の脂肪で化学物質の量を調べていた。多くの有機汚染物質は脂溶性なので、脂肪にたまり、数十年とは言わないまでも数年は残る。大網の脂肪が子宮のそばにあることを考えると、その脂肪でそうした化学物質の濃度を測るのは、過去に子宮がどれだけの汚染物質にさらされたかを推定するうえでおそらく最良の方法だ。[311] ほかの研究では、分析可能な脂肪のサンプルが採取されていなかった。[312]

またどの研究でも、対象の女性を子どものときや、さらにさかのぼって彼女たちの母親が妊娠していたときから追跡調査してはいなかった。科学の進歩のために、今後の研究においてはこのような集団をまとめて調べる必要がある。ジャーメインの研究では残留化学物質を測定していたので、測られた量は、病気になる前の、関連する幼少期の曝露を示していると解釈できそうだ。脂肪のサンプルは、腹腔鏡を使った試験開腹を受けることになったすべての女性の腹部から採取された。研究者らは、子宮筋腫の女性とそう診断されなかった女性とで、大網脂肪中の残留性有機汚染物質の濃度を比べた。すると、ＤＤＴの主な分解生成物であるＤＤＥが、子宮筋腫になる可能性の高さと関連していた。ひとつの研究にもとづく推論には限界があるため、ワーキング・グループの専門家たちは、因果関係がある確率はおよそ三分の一と見積もった。

こうした知見が意味するところは大きく、手術を必要とする子宮筋腫が毎年新たに三万七〇〇〇例発生することを示している。それを背景に、米国では毎年約二〇万人の女性が子宮筋腫の手術を受けている。医療に直接かかわる影響を見るだけでも、コストは二億五九〇〇万ドルになるだろう。

ホルモンとフラッキング

フラッキング（水圧破砕）とは、地下深くの岩石層に砂と液体を送り込んで岩石の亀裂を広げ、地中に自然に生じていた貯留層にアクセスして石油やガスを取り出す方法である。こうした技術は、米国でエネルギーの自給を前提として進歩を遂げたが、ドキュメンタリーや新聞記事が伝えているとおり、水の供給に問題を起こし、場合によっては水道水にメタンガスが混入して火がついたとの報告もある。この技術とともに登場した大型の機器や車両は、騒音や大気汚染をもたらす。だが、フラッキングに七五〇を超える化学物質が使われ、その多くがＥＤＣだということは、きっとあなたも知らなかっただろう。

ミズーリ大学のスーザン・ネーゲルと、現在デューク大学にいるクリストファー・カソーティスは、ホルモンの攪乱とそれが健康に及ぼす影響、とくにフラッキングに関連する不妊について、率先して深刻な懸念を表明している。彼らはまず、米国コロラド州ガーフィールド郡に出向き、フラッキングがおこなわれている場所の近くで採取した地表水のサンプルを検査し、対照条件となる場所で採取したサンプルとホルモン活性を比べた。すると、エストロゲンの活性が（それにその女性ホルモンに対抗する活性も）高く、また男性ホルモンに対する拮抗作用が強いことがわかった。[313] 次に、これらのサンプルにマウスを曝露させたところ、下垂体ホルモンのレベルと生殖器重量と体重が変化し、卵巣の発達が阻害されていることが明らかになった。[314・315] ネーゲルらはまた、ヒトと動物を対象とした四五の研究を調べ、流産、精液の質の低下、前立腺がん、先天異常、早産の証拠を見出した。[316] ペンシルヴェニア州とコロラド州でおこなわれた複数の研究では、フラッキング地点の近くで暮らす家族で、出生前の曝露による懸念として先天異常や早産などが明らかにされている。[317・318・319] こうした結果がホルモンの影響で直接もたらされたのかどうかを語るのは難しいが、フラッキングがさらにあちこちでおこなわれる可能性があるため、深刻な懸念が生じている。それに、野生生物や農業に対する長期的な影響については調べられていない。ガソリン価格の低下で新たなフラッキング地点を求める熱意は薄れているが、ここに示したような研究は、新たにフラッキング地点を許可するかどうかを政策立案者が議論する際に、コストとメリットを明確にする助けとなるだろう。

子宮内膜症

化学物質が**子宮内膜症**の原因となっている可能性が注目を集めたことは、ＥＤＣ疾病負荷ワーキング・グループにとって追い風となった。ＰＣＢなどの禁止された残留性有機汚染物質を有害とする証拠は、私たちが見つけた三三件のヒトでの研究において、とりわけ確たるものだった。さらなるＰＣＢ規制に意味はなさそうなので、私たちワーキング・グループはこの影響については調べないことにした――なにしろ、ＰＣＢは米国で四〇年前から禁止されているのである。ＤＤＴも禁止されているが、マラリア予防のためにまだ使われている場所があるため、子宮筋腫に対するＤＤＴの影響については見積もることにした。ＤＤＴが唯一の選択肢となるまれな状況もあるかもしれないが、薬に対する耐性が増して命にかかわる病気になっているマラリアの予防に、もっと安全な手段が使えることを多くの研究が示している。[320]

フタル酸エステルが子宮内膜症に及ぼすおそれのある影響について調べた研究は、七つあった。その七つの研究がどれも、私たちの分析調査に含めるうえで設定した高い基準を満たしていたわけではない。[321]私たちの設定した厳密さのボーダーラインに達していた研究は、ひとつだけだった。そのジャーメインによる多地点の研究では、手術をおこなうかどうかにかかわらず、腹腔鏡検査を受ける女性を四九五人募っていた。このなかには、子宮内膜症の女性も、そうでない女性もいた。さらに研究チームは、そうした検査を受けないが、同じ地域に住み、同じ年齢である対照群の女性からもサンプルを採取した。この対照群は、子宮内膜症の女性とそうでない女性を比べるもうひとつの手だてを提供してくれる。[322]

この研究では、ふたつの手だてのどちらでも、フタル酸エステルとの関連が見出された。関連は、子宮内膜症の女性と対照群の女性を比べると強まった。食品包装に使われる高分子量フタル酸エステル（フタル酸ジエチルヘキシル［ＤＥＨＰ］）や、軟質のプラスチックに使われる別のフタル酸エステル（フタル酸ジオクチル）への曝露量が、子宮内膜症の女性で高いこともわかった。この研究で採取した尿サンプルは検査時点のものなので、直近の曝露量を示しており、子宮内膜症の発症まで曝露から数か月以上もかかる可能性を考えると問題がある。こうした女性が思春期を迎えたころや、さらに前、場合によっては彼女らの母親が身ごもっていたころにまでさかのぼって、複数の時点で曝露を評価する研究がもっと必要だ。ワーキング・グループは、このことを考慮して、因果関係がある確率をおよそ三分の一と慎重に判断した。動物実験からはＤＥＨＰが卵巣の発達や受精卵の着床に影響することがわかっている（子宮内面の子宮内膜に害を及ぼすメカニズムによるのかもしれないが）[323]。動物実験の結果は、ヒトを対象とした現段階で最良の研究において見出された関連や、潜在的な疾病コストの推定を裏づけている。[324]

私たちは、現時点で最良の米国の曝露データを考慮に入れ、フタル酸エステルによって増える子宮内膜症は年間で八万六〇〇〇例と見積もった。こうした増加によるコストを算出する際、子宮内膜症の女性が診断後の一〇年間で失う生活の質も考慮に入れた。そして直接かかる医療費のほかに、主要な間接コストを加えた結果、二〇～三九歳の女性へのフタル酸エステル曝露がもたらす予防可能なコストを四一〇億ドルと割り出した。子宮内膜症のコストを子宮筋腫のコストと比べてはならない。リンゴとリンゴではなく、リンゴとオレンジを比較するようなものだからだ。この大きな額は、ＥＤＣが脳以外の臓器に及ぼす作用も社会に多大な影響をもたらすため、予防にかんする公の議論ではそれを考慮する必要があることを実証している。[325]

もともと七つあった研究をひとつに絞り込んだと書いたのを覚えているだろうか？　なかには、悪いリンゴも良いリンゴもひっくるめて基本的にもともと何も影響はないと論じようとしていた研究もあった。[326]とりわけいくつかの研究は、子宮内膜症だという自己申告を当てにしており、その多くの症状はほかの生殖系や腸の問題と重なっている点で問題があった。すべての研究のデータをひっくるめて解析すれば、理論上は、わずかな違いも検出できるほど威力が増す。だから私たちは本来そうしたいと思ってはいたが、偏りのあるデータが全体を汚《けが》してしまい、誤解を招く結果となるおそれもあったのだ。[327]

閉経前乳がん

乳がんは、肺がんと心臓病に次いで女性に多い死因である。米国医療研究・品質局は、二〇一五年の米国の乳がんによる直接的な医療コストを八〇二億ドルと推定した。[328]子宮筋腫や子宮内膜症について探るのは難しいが、ＥＤＣと乳がんを結びつけるのは、おそらくもっと難しい。乳がんには多くのタイプがある。そして、**閉経前乳がん**と**閉経後乳がん**の生物学的特性は、病因を見てもその影響と予後を見ても異なっている。なかにはエストロゲン受容体をもつタイプもあり、その場合はエストロゲンに反応してがんが成長し、タモキシフェンでその作用を阻害するとがんが縮小する。タモキシフェンは、エストロゲン受容体（ＥＲ）陰性と呼ばれるエストロゲン受容体のない乳がん細胞にはそれほど効かない。

前にしたＤＥＳについての話は、ＥＤＣ曝露が乳がんにつながる可能性もはっきり示している。一般にエストロゲンやプロゲステロンを医薬として用い、閉経やその前後に生じる副作用を弱めたり治療したりする、**ホルモン補充療法（ＨＲＴ）**のことも考慮する必要がある。論争は続いているが、一部の女性の場合、ＨＲＴは五年以内に乳がんになるリスクを高めるおそれがあり、とくに乳がんになりやすくする遺伝子をもつ女性でそれが顕著となる。[329・330・331] 乳がんは、ほかのリスク因子とも関係している。最初の月経が早い場合や、出産経験がない場合だ。どんな関係があるのだろうか？　考えられるのは、月経が訪れているあいだに多くのエストロゲンにさらされると、乳腺細胞の分裂と変異がうながされ、歯止めの利かない増殖を起こしてがんに至るということだ。左右の卵巣を摘出すると、きわめて高いリスクをもたらすとわかっているＢＲＣＡ遺伝子変異［訳注／ＢＲＣＡ遺伝子は遺伝性乳がん・卵巣がんの原因遺伝子として知られ、ＢＲＣＡ1とＢＲＣＡ2の二種類がある］をもつ女性などで、乳がんの発生率を大幅に減らせることもわかっている。[332]

カリフォルニア州オークランドにある公衆衛生研究所のバーバラ・コーンは、化学物質と乳がんについて、とりわけ見事な研究をおこなっている。バーバラのチームは、出産直後の女性から採取した血清サンプルを用い、その後三〇年近くその女性たちと連絡をとり、追跡調査によって閉経前乳がんを発症するかどうか確かめた。血清サンプルでは、ＤＤＴ

などの残留性有機化学物質を測定した。こうした化学物質の半減期は長いので（一〇年以上）、女性の出産直後の測定は、乳がんになった女性を募ったそれまでの研究に比べ、子ども時代の曝露をはるかによく推定できる。研究者たちは、乳房が発達する時期にEDCにさらされると、がんのリスクが増すように根本的に体が変化するおそれがあるのではないかと考えた。バーバラは、乳がんになった母親と、乳がんにならなかった比較群の母親で、DDTレベルを比べた。すると、DDTレベルが最も高い女性たちの乳がんリスクは比較群の五倍になっていた。[333]

目を引く比較によって、バーバラが得た結果のさらなる裏づけも明らかになっている。DDTが米国で広く使われるようになった一九四五年に一四歳未満だった女性では、乳がんとの関連がとりわけ強く見られた。一方、生まれたのがもっと早く、青年期以前にDDTにさらされなかった女性では、関連は認められなかった。この結果は、子ども時代や思春期に、乳房組織がDDTの影響を受けやすいという重要な事実を物語っている。出産可能年齢の女性のDDTレベルは、一九五〇〜一九六〇年代（バーバラの研究に参加する女性が募られた時期）以後、大きく低下している。とはいえ、今でも出産可能年齢の多くの女性には、第2章で紹介したアンダーソン・クーパーと同じく、検出可能なレベルでDDTが存在する。また、いまだに世界の一部の地域では、マラリアと闘うためにDDT

が使われていることも忘れてはならない。バーバラらは、今日まで続いているおそれのある曝露の影響を明らかにすべく、現在の女性の曝露状態を推定できるようにする高度なモデルを考案した。バーバラのデータを使って簡単な計算をすると、二〇一〇年の時点で、ヨーロッパで一万四九〇〇例もの乳がんがＤＤＴ曝露によって引き起こされている可能性が示され、それによるコストは六億八五〇〇万ユーロにのぼると考えられる。米国の数値も似たようなものだろう。

アトラジンとレトロゾール――悲しい皮肉

アトラジンは、グリホサート（商品名「ラウンドアップ」）に次いで米国で二番目に広く使われている除草剤だ。[334] 主に、中西部一帯のトウモロコシ栽培で、雑草を抑えるために使われている。アトラジンは、テストステロンをエストロゲンに変える酵素アロマターゼを活性化する。興味深いことに、アトラジンを作っている企業が、アロマターゼの働きを抑制し、一部の乳がんの治療に使われる、レトロゾールという化学物質も作っている。ある種の乳がん細胞はエストロゲン受容体をもち、この受容体にエストロゲンが結合すると、エストロゲンに反応してそのがん細胞が増殖するので、レトロゾールでエストロゲンを減らすのである。これをレトロゾールによる治療と言うにせよ、「意図的な内分泌攪乱」と言うにせよ、大いに皮肉なことだ。[335]

閉経後乳がん

ＤＤＴ曝露による乳がんがヨーロッパで一万四九〇〇例という推定は、私たちがまだ公表していないものだが、これは五〇歳未満で発症する閉経前乳がんに限っての話だ。スペインでおこなわれた別の研究は、閉経後乳がんに注目し、がん手術を受けた女性から乳房組織の脂肪サンプルを採取したうえで、同じ病院でほかの手術を受けた同年齢の患者からも脂肪サンプルを採取した。本書でこれまでに語った研究の多くは個々の化学物質に的を絞っていたが、実際には私たちは何千もの化学物質に囲まれて生きており、それぞれの化学物質がエストロゲンなどのホルモンに異なる影響を及ぼしている。そこでこの研究では、サンプル中の個々の化学物質を調べるのではなく、サンプルのエストロゲン活性を測定し、結果を比べた。するとエストロゲン活性が高い女性ほど乳がんのリスクが高く、とくに体格指数（ＢＭＩ）の低い女性にリスクが集中していた。ＢＭＩによって影響に差が出ることについては、脂肪組織がこうした化学物質を吸収でき、そんな化学物質はえてして脂溶性が高いため、脂肪組織が環境エストロゲンの影響から乳房を守ってくれるという説明が考えられた。[336]

二〇一六年にこのグループがおこなった追跡調査は、スペインの女性のもっと大規模な別の集団を対象としたもので、より網羅的なアプローチとして、懸念される偏りを減らせ、スペインの人口全体へ結果を一般化できる可能性が高まった。調査では、乳がんの女性と、乳がん以外の点は同等である比較群の女性から、血清サンプルを採取して使った。すると、（血清のエストロゲン活性を測定して見積もった）環境エストロゲンは乳がんリスクの上昇と関係していた。[337] ここに挙げた閉経後乳がんにかんするふたつの研究のうち、ひとつめのデータから推定すると、ヨーロッパでは化学物質への曝露による閉経後乳がんが毎年新たに七万六〇〇例発生しており、そのコストは三二億五〇〇〇万ユーロとなる。

こうした未公表のデータに対する制約には、聞き覚えがあるだろう。若いころに化学物質の「当て逃げ」が起きた可能性が高いのに、これらは（バーバラのすばらしい研究は別にして）ほとんどが診断の時点で化学物質を測定する一度きりの研究なのである。パズルのピースのすべてはそろっていないので、はっきり結論づけることはできない。だが、ここで調べた化学物質は数十年とは言わないまでも数年は体内に残るため、制約はあっても研究結果を正しく理解しやすくなる。古くからある化学物質を調べるだけでなく、同じく問題がありそうな新しい化学物質にも目を向けられるように、この分野でさらに研究をおこなう必要がある。乳がんリスクのマーカーを見つけ、乳がんの発生ではなく、そうしたマーカーをもとに推定することも必要になる。そうでないと、ずっと四〇年遅れのままになるだろう。

章の初めに紹介した幼い患者エミリーはどうなるのだろう？　すべての希望が絶たれているわけではない。組み合わさることで、女子に早い思春期をもたらしたり、子宮内膜症や子宮筋腫や乳がんを患わせたりする危険因子は、ほかにもたくさんある。妊娠中だけでなく、生涯を通じて曝露は問題だとわかっているのだから、エミリーが今後の曝露を減らせば、こうした病気になるリスクを減らせるかもしれない。あなたがこの章から、こうした疾患がもつ共通点も学び取ったのならうれしく思う。それは、合成化学物質が人によって異なる影響を複数の部位に及ぼす、攪乱の力だ。私はとくに、こうした化学物質が発展途上国にもたらす広範な影響が気になっている。二〇三〇年になるころには、大多数の合成化学物質を作り、使いつづける状況になっているはずなのだから。[338]

とはいえ私たちは、ひとつずつ、あるいは一度にいくつでも、暮らしを変える取り組みを今から始められる。そのなかには、声を上げて聞いてもらうことも含まれる。私が公衆衛生と政策に重点を移したのは、処方箋を書くよりも、そのほうが集団レベルで変化をもたらすために多くのことができるとわかったからだ。そこで、こうした研究がもたらす悪いニュースから、私たちの家庭や学校や職場、さらには社会全体での好ましい変化に目を移そう。

第3部　行動を起こす

7　未来を守るためにできること

あなたは、この世界に広がりつづける化学物質から身を守るには、都市や郊外から何千キロメートルも離れた、どこかのへんぴな田舎の農家に引っ越すしかないのではないかと気をもんでいるかもしれない。また、私がこの分野でどうして気が滅入らずに仕事をしていられるのかと、不思議に思ってさえいるかもしれない。実際の私は正反対で、楽観主義者だ。私たちには今の暮らしを改善するためにできることがたくさんあり、製造業や工業型農業をより良い方向へ変える力もあるということを、私は知っている。以下に、本書を通して提案してきた「今あなたにできること」をいろいろまとめてみた。こうした手段によって、化学物質がのちに及ぼす影響から自分や家族を守るだけでなく、そもそも私たちが日常使う製品を企業が作る方法を根本的に変えるという点でも、実際に変化をもたらすことができる。安全で単純な手段を講じれば、とりわけ心配な内分泌攪乱物質への曝露を抑えられるのだ。

農薬への曝露を抑える

米国の環境規制はヨーロッパに遅れをとりがちだが、農薬（殺虫剤）の規制は、米国もときには良いことをするという一例である。主に、食品中の農薬から子どもを守るために安全係数〔訳注／ある物質の一日摂取許容量などを決めるときに、安全性を確保するために用いる係数〕の追加を義務づけている食品品質保護法のおかげで、米国の食品中の有機リン酸エステル残留物はやや減っている。実際、子どもや妊婦の尿に含まれる有機リン酸エステル分解生成物のレベルは、米国のほうがヨーロッパに比べて低い。

クロルピリホスの使用が禁止されたあと、検出濃度が下がり、出生時の体重や身長の低下もなくなったことを示したコロンビア大学の研究で見たとおり、家庭での有機リン酸エステルの使用禁止は、米国で子どものためにもなっている。これは良いニュースだ。[339]

このようにいくらか進歩は見られるが、農薬を禁止するほかに、曝露を防ぐには何ができるだろう？　有機食品を食べると、尿中の有機リン酸エステル分解生成物のレベルが下がることが報告されている。[340・341]　また、一部の野菜や果物は、人体に入りうる農薬の残留レベルがきわめて高いことが知られている（次ページの囲み部分参照）。こうした野菜や果物のなかには、皮をむくという対処法がとれるものもあるが、念入りに洗っても残留農薬が少ししか落ちない果物もある。一方、アスパラガスやカリフラワーなど、残留農薬が少ないことがわかっている野菜もある。詳しく知りたければ、米国の非営利環境保護団体、環境ワーキング・グループ（EWG）がすばらしいウェブサイト（ewg.org）やアプリを用意してくれている。[342]

多くの人は、有機食品に変えたときの食費を気にしている。私は、ニューヨーク市の公立病院機構で中心的な役割を担っているベルビュー病院で働いており、そこでは生活のために身を粉にして働いている患者やその家族に多く出会う。第3章で語ったとおり、食事を有機食品に変えると、都市や農村の低所得地域でも、子どもの尿に含まれる有機リン酸エステルの代謝産物を減らすことができる。[343] コストコ、サムズ・クラブ、ウォルマート、ターゲットなど、有機農産物や有機食品を手ごろな価格で販売する店舗もどんどん増えている。消費者みずから有機農法で野菜や果物を育てることもできるし、米国じゅうで増えている地域支援型農業（CSA）のどれかに加わることもできる。ファーマーズ・マーケットはますます普及している。ニューヨーク市では、補助的栄養支援プログラム（フードスタンプとも呼ばれる）から受給された金券をファーマーズ・マーケットで使える。しかも、ファーマーズ・マーケットで買えばおまけの金券ももらえるのだ！

危険な一二品目

ＥＷＧによれば、ここに挙げる一二品目の果物と野菜はとくに化学物質を吸収しやすいため、有機農産物でなく「通常の農産物」を買うとリスクが高い。

イチゴ　ホウレンソウ　ネクタリン
リンゴ　ブドウ　モモ
アメリカンチェリー　洋ナシ　トマト
セロリ　ジャガイモ　ピーマン・パプリカ

有機食品を食べると、ほかにも良いことがある。「有機（オーガニック）」と表示されていれば、その食品に遺伝子組み換え作物（ＧＭＯ）は含まれていない。遺伝子操作と健康への影響との関連については議論が続いているが、ＧＭＯに使われる農薬のなかにはホルモンを攪乱することが明らかになっているものもある。こうした科学技術はまだ登場してきたばかりだが、目を配っておくといい。

二〇一六年にオバマ大統領は、GMOにかんする情報開示のルールを米農務省（USDA）が定めることとする法案に署名した。USDAは、そのガイドラインを二〇一八年五月に公表し、明るく輝く太陽のロゴマークとともに「遺伝子組み換え」でなく「バイオ技術」（bioengineered）という言葉を使う意向を示して人々を戸惑わせた。[344] だが適切になされれば、GMO表示は、人々に自分で決める選択肢を与える確かな一歩となるだろう。

フタル酸エステルへの曝露を抑える

当たり前に思えるかもしれないが、フタル酸エステルへの曝露を減らす簡単な手だては、生鮮食品を食べることだ。この点をはっきりさせた研究では、通常の食事から、缶詰食品を使わず、プラスチックにほとんど触れないようにして用意した「特別な」食事に変えた五つの家族について、追跡調査をおこなった。すると、フタル酸エステル――とりわけフタル酸ジエチルヘキシル（DEHP）――の代謝産物のレベルが五三～五六％低下した。

被験者が通常の食事に戻すと、そのレベルはすぐにまた上昇した。[345]

ガラス容器を使えば心配はまったくなくなるが、それが現実的でない場合もある。多くの学校は、保安上・安全上の理由でガラス容器の使用を許していない。ステンレス製を使うことも考えよう。どうしてもプラスチック製の容器を使わざるをえない場合は、正しく使うことだ。

・プラスチック製容器が使い捨てのものなら、再利用してはいけない。再利用すると、EDCのリスクに加え、細菌で汚染される可能性も増す。

・プラスチック製容器の底などに表示されているリサイクル用マークのナンバーを見てほしい。米国では3ならフタル酸エステルが使われているので、液体や食べ物が汚染される可能性が増す〔訳注／日本では材質表示は推奨のみで必ずあるとは限らないが、プラマークの近くにPVCとあるのが米国の3に相当する〕。

・プラスチックを電子レンジで加熱してはいけない。顕微鏡レベルでプラスチックを溶かし、食べ物に入れることになる。電子レンジで加熱しても安全なプラスチックなどといったものはない。

・プラスチックを食器洗い機で洗ってもいけない。刺激の弱い石けんと水で手洗いしよう。刺激の強い洗剤はプラスチックを腐食し、液体や食べ物へ多く吸収させてしまう。

・プラスチック製の食品容器が腐食していたら、もう捨てるときだ。腐食していると、しみ出す可能性が高くなる。

あなたは、多くの化粧品や香水にフタル酸エステルが含まれているのに、私がその話をあまりしていないことに気づいているだろう。そうした製品に見つかる低分子量のフタル酸エステルが、私たちの体内の性ステロイドを攪乱する心配がないわけではない。良いニュースは、いくつもの企業が、「安全な化粧品キャンペーン」などの組織と密接に協力し、自社のローションやクリームからフタル酸エステルを排除すると約束したことである。また環境ワーキング・グループは、「スキン・ディープ（Skin Deep）」という総合的でとても利用しやすいデータベース（ewg.org/skindeep）を運営し、成分についてわかっている事実をまとめ、リスクがとりわけ少ない化粧品を紹介している。[346] あなたは成分表示を見て、「香料」やフタル酸エステルが含まれている製品を避けることもできる。マニキュアやヘアスプレーやデオドラントには、フタル酸エステルが含まれていることが多い。若い女子を対象とした最近の研究では、フタル酸エステル、パラベン、トリクロサン、ベンゾフェノンがないと表示されている日用品を選ぶと、内分泌攪乱物質の可能性がある物質への曝露を二七~四四%減らせることがわかっている。[347]

BPAへの曝露を抑える

ヒトのBPA曝露には、主なルートがふたつある。缶詰食品や缶入り飲料と、感熱紙のレシートだ。ふたつのうち飲食物はとりわけ問題となる曝露のルートで、とくに子どもの場合、このルートが曝露の九九%を占める。[348] このことのさらなる裏づけは、家族の食事を生鮮食品に変えた先述の研究で得られており、BPAのレベルも六六%低下している。[349] 別の研究では逆のことをおこない、毎日、缶詰のスープを何度も食べさせたところ、BPAのレベルは一二〇〇%を超える急上昇を示した。[350] 缶詰食品を食べるのをやめると、尿中のBPAのレベルが九〇%以上も低下しうる。中身の酸性度があるレベルに達していると、BPAが多少なりとも溶け出し、缶入りの炭酸飲料であれ、缶詰の野菜であれ、あらゆる飲食物にかなりよく入り込む。[351]

BPAが使われた缶に代わる、安全な選択肢もいくつかある。紙製の容器に入った食品を選べば、缶をまったく使わずに、食物が媒介する微生物による病気も防げる。一部の企業は、オレオレジンという天然由来の内面コーティング剤を使うようになっており、これは現在使われているポリカーボネート樹脂に比べてやや値段が高い（ひと缶あたり二・二セント）。本書で前に触れたように、私たちは、ＢＰＡを健康に影響しないものに置き換えた場合に考えられるコストとメリットを計算し、ほぼ相殺されることを明らかにした。計算の不確かさを考慮した一部のケースでは、ＢＰＡを置き換えるメリットがコストを上回っていた[352]。

それなのに、缶詰食品や缶入り飲料でＢＰＡの使用を禁止することについてはまだ反対が多い。ＢＰＡを、構造の似た化学物質ビスフェノールＳ（ＢＰＳ）に置き換える動きも進んでいる。ＢＰＡの重要な炭素原子の代わりに硫黄（Ｓ）が入った物質である。ＢＰＳのほうがもっと環境に残りやすく、またＢＰＡと同じくエストロゲン様作用があるようだ[353・354・355・356・357・358・359]。ＢＰＳは、曝露のもうひとつのルートにあたる感熱紙のレシートに、ＢＰＡの代わりに使われてもいる。最近までＢＰＡは、プラスチック製の飲料水ボトルにも使われていた。どのボトルにＢＰＡが使われているのかは、底のリサイクル用マークのなかに数字の７が記されているのでわかる［訳注／日本ではプラマークのそばにＰＣと記されたものが該当する］。したがって、ＢＰＡやＢＰＳへの曝露を減らす方法としてさらに、「ＢＰＡフリー」や「ＢＰＳフリー」と表示されたボトルを買うか、数字の７が記されたボトルをいっさい買わないようにする手もある。

難燃剤への曝露を抑える

第3章で述べたとおり、難燃剤についての研究によれば、あなたは家にあるすべての家具を急いで処分する必要はない。ありがたいことに、いくつかの簡単な手だてで、今すぐ家庭でそうした化学物質への曝露を減らせる。

・発泡材がむき出しになった古い家具は、取り替えるか、布のカバーをかける。
・元来燃えにくい、天然繊維（ウールなど）でできている製品を買う。
・窓を開けよう！　外の空気は難燃剤の化学物質の濃度が低く、毎日何分か換気をすれば、ほかの残留化学物質も取り除ける。
・頻繁にＨＥＰＡフィルター（高性能微粒子フィルター）付きの掃除機をかけ、モップで水ぶきをして、家電やじゅうたん、家の内外の備品からの汚染物質が混じった埃がたまらないようにする。
・子どもに難燃剤の入ったものをさわったり口に入れたりさせない。

・十分なヨウ素の入った健康的な食事をとるようにする。二〇〇七年に世界保健機関（ＷＨＯ）は、世界で二〇億人が十分なヨウ素を摂取していないと報告した。[360] ヨウ素は甲状腺の機能にとって欠かせない。[361] 海藻にはそれがとりわけよく含まれている。魚介類や乳製品、クランベリーやイチゴにも多い。

　ところで、ここに示した手だての背後にある証拠について、いくつか注意をしておかなければならない。予防のためにおこなう介入措置は、必ずしも期待どおりの結果をもたらさない。そうした結果は失敗ではなく、第8章で取り組むもっと広範な問題の存在を示している。本書で何度か紹介した、シアトルの小児科医で研究者でもあるシーラ・サティアナラヤナが、複数の家族に対し、食事を変えてフタル酸エステルへの曝露を減らすという介入をおこなったところ、おかしな結果がもたらされた。フタル酸エステルのレベルは介入群のほうがはるかに高く、だれもが首をかしげたのだ！　そこで被験者の食事の成分をくまなく調べるという大変な作業をおこなったところ、被験者に提供されたコリアンダーは、プラスチックの粒子でうっかり汚染してしまうやり方ですりつぶされていて、しっかり包装された食品を食べたときに予想されるようなフタル酸エステルのレベルの急増をもたらしたことがわかった。[362]

私たちは、実験室の状況を実生活に再現し、あらゆる曝露の要因をコントロールできるものと考えている。それで多くはコントロールできるが、このような結果は、もっと全体的な変化の必要性を証明している。

「否定的な」結果だと誤解されたもうひとつの例として、エクセター大学のタマラ・ギャロウェイらがおこなった市民科学研究《シティズン・サイエンス》［訳注／一般市民が参加・協力する科学研究］もある。彼らは学生たちと協力し、人々がＢＰＡの混入を評価し、みずから曝露を抑えることができるように、採点の尺度を考案した。だが曝露量はもともと低く、研究者たちはＢＰＳやＢＰＦのようなビスフェノール代替物を測定していなかった。[363] 尿中のＢＰＡレベルは、介入前と比べて介入中に有意な差を示さなかった。研究の計画が悪かったのか？　そうではない。ビスフェノール類は、食品だけでなく、感熱紙のレシートやポリカーボネート樹脂、歯の詰め物にも広く行きわたっているのだ。

家庭環境にだけ目を向けるのは、あまりにも見方の狭いアプローチかもしれない。曝露の科学研究と内分泌攪乱物質の測定をリードするひとりで、ニューヨーク州保健局のクルンサチャラム・カンナンの話を聞いてみよう。彼はたぶん、この分野で私が知るかぎり最高に謙虚な人物のひとりだが、恐ろしい現実を発表している。「私たちは毎日、プラスチックを〇・五ミリグラム食べています」と彼は説明する。「腸にプラスチックボトルの蓋が詰まった魚を目にするような形で見えるわけではありませんが、同じプラスチックが、顕微鏡で見えるぐらいかもっと小さい粒としてそこにあるのです」。また、スーパーで購入したさまざまな食品、日用品、家庭の埃で測定したフタル酸エステルのレベルについても、データを示している。彼は、こうしたものでは、人々を対象に測定されているレベルにもとづく体内曝露量の五分の一しか説明できない、と推定している。ならば、隠れたフタル酸エステルは皆どこにあるのだろう？　職場のほか、通勤通学に使う車や地下鉄やバスなど、ふだんの暮らしで訪れる場所を考えよう。次の章では、ほかにもこうしたＥＤＣ曝露を受ける環境で曝露を抑えることについてもっと語るつもりだが、ここでは、驚いたことに家庭での介入だけをおこなう研究で曝露を減らせたと言うにとどめておこう！もっと広範なアプローチを採用して、そもそもこうした曝露がなくせたらどうなるだろうと考えてみてほしい。

身のまわりに化学物質があふれ、その危険性の調査は厄介で物議をかもすという事実に、私たちはくじけてしまうのだろうか？　そんなことはない！　こんな状況でも、多くの介入が実際に功を奏し、良い成果を上げていることは、注目に値する。介入の成功は、もっと幅広い変化の必要性を裏づけている。こうした手だての多くは家庭に的を絞っているが、人々の多くは週末や夜をそこで過ごしているにすぎない。しかし、職場、学校、地下鉄、バス、車、レストランなどの公共スペースのすべてが、化学物質への曝露をもたらすおそれがあるのだ。私は、このような問題の解決は政策だけが頼りだとは思っていない。もっと幅広い活動の必要性について話を進めよう。私たちは、だれもが恩恵をこうむるように、自分たちの購買行動を利用してシステムを変える必要がある。

二〇四〇年の医療

ここで、人々が内分泌攪乱の現実を意識するようになったらどうなるかをちょっと考えてみよう。

ダイアナとエドゥアルドが妊娠を計画しているとする。ふたりは、外来診療の医療機関へ行って健康診断を受ける。目を引く病歴はなく、生殖を危うくするような過去のリスク因子もほとんどなかった。ふたりともきょうだいのなかで真ん中の子どもであり、どちらの両親も健康で、今の標準からすると若い二〇代半ばでふたりを授かった。ダイアナとエドゥアルドはともに三〇代半ばで、決断のために、なるべく多くのデータを手に入れようとしている。今までにわかっていることから考えると、一年以内に妊娠する可能性は九一%あるだろう。

エドゥアルドは、もっと自分個人についての診断がほしくて、十分な検査を受けるべく泌尿器科医のサンチェス医師のもとを訪れる。サンチェス医師が指示した精液検査の結果、エドゥアルドの運動性の精子の数は正常だとわかる。悪い知らせは、ＢＰＳとフタル酸ジイソノニル（ＤＩＮＰ）への曝露が人口の九〇パーセンタイルに相当していたことだ（ＤＥＨＰは二〇二五年に使用が禁止された）。血清検査では、難燃剤などの残留性有機汚染物質への曝露はごくわずかにとどまっていることが示される。

泌尿器科医は、加工食品を食べているかどうかを尋ねる。「実は、野菜と豆とタンパク質だけをとる食事にしているんです。体重が九キロ落ちました！」とエドゥアルドは答える。しかし、さらに詳しく尋ねると、エドゥアルドは職場で電子レンジのうえに豆の缶詰を置いていることがわかる。サンチェス医師は、缶詰を紙かガラスの容器のものに変えてからまた検査しようと告げる。「それから、有機食品を食べるのも忘れずに！」ともアドバイスする。数週間後、エドゥアルドのＢＰＳレベルは急激に下がり、サンチェス医師の見立てでは、問題なしとなる。

ダイアナは生殖内分泌科医のスミス医師のもとを訪れ、スミス医師はエストロゲンとプロゲステロンの測定を指示し、超音波検査もおこなう。さらに、ゲノムの配列決定だけでなく、全エピゲノムの配列決定もおこなった。これで医師は、遺伝子配列に加えて遺伝子発現も調べることができ、二種類の病気のリスク因子を確かめられる。23アンドミー〔訳注／個人向けに遺伝子検査をおこなう米国企業。病気の素因などの遺伝子情報がこの企業へ唾液を送るだけでわかる〕から大いに進歩しているのだ！　結果の報告によれば、いくつかの遺伝子の過剰発現がBPSレベルの高さを示唆しており、尿検査でそれが確かめられる。ホルモンのレベルと超音波検査の結果は良好だったが、スミス医師はゲノムの発現のしかたを変えるべく、葉酸が豊富な食品をよく食べるように勧める。

ここに示したいくつかの技術は、現在の世界に比べて飛躍的に進歩している。現在、ゲノムの配列決定にはかなりの費用がかかる。ゲノム全体で遺伝子の発現を調べる費用はおそろしく高く、エピゲノミクスを臨床診療に適用する方法もまだわかっていない。プレシジョン・メディシン・イニシアティブ〔訳注／二〇一五年、当時のオバマ大統領が一般教書演説で施策として語ったプロジェクト。プレシジョン・メディシンは、遺伝子・環境・生活習慣の多様性を考慮して病気の治療や予防をおこなう考え方で、精密医療とも訳される〕は、一〇〇万人の米国人を対象とする大規模な研究であり、病気を早期に予測できる因子を見つけ、臨床診療を根本的に変える取り組みを後押しできると考えられている。いずれ、モバイル機器の助けを借りてEDCを測定できる、妊娠検査キットを使えるようにさえなるかもしれない。[364]そこまで行くには技術の進歩が必要だ。もちろん、このほかにも、今後患者が利用して自分を健康へ導けるかもしれない「オミクス」(第4章参照)がいろいろある。

私は子をもうけることを考えている夫婦に注目したが、ここまで私が紹介した妊娠にかかわるさまざまな研究は、しかるべきとき――曝露が子どもの健康に影響するおそれのある時期――に測定をおこなっていなかったかもしれない。私たちが、やがて精子と卵子になるような生殖細胞を、生まれたときからもっているということを忘れないでほしい。妊娠検査薬が反応を示すころには、精子と卵子からできた受精卵はもう分裂しだしている。受精から少しすると、心臓が脈打ちはじめる。だからいくつかの点で、妊娠にかかわるほとんどの研究は、とりわけ重要な曝露を見逃している。子をもうけようとしている夫婦を調べ、その子の追跡調査もおこなっている研究チームはいくつもある。そうした研究から出てくる情報がもっと集まるのを待とう。

基礎生物学からほかにわかるのは、生涯のどの時期におけるどんな曝露も問題になるということだ。たとえ妊娠を計画していなくても、曝露の予防を考える必要がある。第5章で説明した男性の生殖系への影響を覚えているだろうか？　性的能力がＥＤＣによって抑制されることを示す、具体的な証拠はない。だが、性ステロイドに対するＥＤＣの作用についてわかっていることと、男女の性欲に対して性ステロイドがもつ役割を考えると、曝露を避けることによる直接的なメリットはあるだろう。あなたは職場で使われる物質について臆せず尋ねられるようになるかもしれない。次の章ではそうした物質について語る。

8　あなたの声が重要――好循環に加わるには

私はニューヨーク大学（ＮＹＵ）で、学部生に環境保健を教えている。この講座のやり方はかなり風変わりだ。半年単位の一学期で、まる一回の講義を費やして経済学を語るのだから。私はその講義を、現代経済学の父アダム・スミスについての話で始める。スミスは、きちんと機能している市場経済の特徴を、最良の市場へ方向づける「見えざる手」に導かれていると表現した。そうした市場経済では、すべての売り手と買い手が利己的だと想定されているのだ。スミスはまた、政府による介入で市場がうまく機能しなくなるおそれがあり、結果的に益よりも害が多くなると考えていた。すると今では、彼は政府の規制に反対する自由主義者《リバタリアン》と考えられるかもしれない。

では、アダム・スミスなら内分泌攪乱物質についてどう言うだろう？

思うに、彼は今ごろきっと、この問題について墓のなかで嘆いているだろう！　こうした化学物質が作られ、私たちの使うあらゆる製品に入り込んでいることで、市場の外部性がもたらされていると憤るはずだ（私は決して、『環境保健のヤバい経済学』〔訳注／レヴィット＆ダブナー『ヤバい経済学』（望月衛訳、東洋経済新報社）を意識したタイトル〕などという本を書こうとはしていないし、博士課程で学んだ経済学者でもないが、もうしばらくこの話にお付き合い願いたい）。

EDCの経済学

アダム・スミスが提唱した原理は、市場がうまく機能していると、売り手と買い手だけが取引で利益を得る（または害を受ける）というものだった。受動喫煙は、経済学者が「外部性」と呼ぶことがらの典型的な例である。タバコの煙は、タバコの買い手でも売り手でもない第三者に、健康被害や経済的な損失（外部性）をもたらす。このダメージは価格にきちんと考慮されていないので、本来作られるべき量を上回るタバコが作られ、社会が実際に払うコストよりも安い価格で売られている。同じことは、石炭火力発電所についても言える。石炭は、通院や入院が必要となる喘息の悪化など、子どもの肺に及ぼす影響を考えずに生産され、売られ、使われているのだ。内分泌撹乱物質（ＥＤＣ）について言うならば、農村で散布される農薬に、近くの家に住む妊婦がさらされ、子どもや母親の脳がダメージを受けるかもしれない。だがそんな母も子も、農場で働いてはおらず、作物の栽培によってほかに金銭的利益を得るわけでもない。

同じように、製品に含まれているＥＤＣが及ぼす影響も、汚染された品物が売買される際に考慮されておらず、そうした製品の価格には汚染の度合いがきちんと反映されていない。たとえば売り手が農薬の危険性を知っていても明らかにしない場合にそうなりうる。それは「情報の非対称性」の一例だ。

ここで、アダム・スミスが考えた、すべての情報が明らかな世界の原理に話を戻そう。売り手と買い手が、売買されるものについてすべてを知っているような世界の原理だ。彼は、透明性を強く信じていた。この経済原理が破綻すると、私たちは社会として経済的生産性を最大限に高められない。政府がこの種の問題を解決することもできるが、介入で失敗することも多い。だが、政府の介入がうまくいくこともある。本書の初めのほうで、まさにそんな一例としてガソリンから鉛が段階的に除去されたことについて述べた。鉛やガソリンの業界は、年々脳にダメージを与える化学物質にさらされる子どもに、ひとりあたり一〇〇〇ドルの外部性（つまり税）を負担させていた。実のところ、それを取り払ったことによって、米国人は今もひとりあたり一〇〇〇ドルの「税還付」を受け取っている。

鉛のような毒物への曝露が段階的に除去されたことは、子どもと経済にとっての勝利を意味している。

英国の経済学者アーサー・ピグーは、税が市場の外部性の解決策だと述べた。理論上は産業界への課税が有効そうだが、細部に問題がある。曝露が与える被害の正確なコストを知る必要があるのだ。ピグーの考えがうまくいくためには、曝露による病気を患っている人は、税からじかに被害の正確な額を受け取らなければならない。そうしたことは米国のタバコ訴訟の解決金でもなされていなかった。多くの州がその金をそのまま国庫に入れていたからだ。するとあなたにも、産業界がこの種の補償に応じたり、それがうまく機能したりすることに対する私の疑念が理解できるだろう。

つまり自由市場では、ＥＤＣが人々のホルモンに、また結果的に人々の健康に及ぼす影響が考慮されていないのである。そうした影響のコストは、二〇一四年に私たちが集めた専門家の一団が明らかにしたコストをすべて計上すれば、米国とヨーロッパで数千億ドルになる。本書で示したＥＤＣによる病気のコストを足し合わせたら、年間四〇〇〇億ドルにのぼることがわかる。

ただし、病気それぞれのエビデンスは大きく異なるので、単純に足し合わせるだけでは誤解を招く。エビデンスや因果関係の確率との関係でコストを割り引くと、年間のコストは米国で三四〇〇億ドル、ヨーロッパで二一七〇億ドルになる。[365] その額を聞いたら、アダム・スミスは胸焼けを起こすのではなかろうか。私たちが調べたのは、知られているすべての内分泌攪乱物質の五％未満であり、それぞれのEDCに関連する病気の一部であり、私たちがEDCと関連づけた病気にかかわるコストの一部だったということを忘れないでほしい。問題とそれに伴うコストは、はるかに大きいのである。[366]

あなたの購買力を利用する

アダム・スミスなら連邦議会や州議会の議員に電話をかけるだろうか？　かけないだろう（そもそも彼はスコットランド人だ）。しかし、あなたが米国人ならできる。

現在の米国政府の状況は、この方面であまり進展は期待できず、環境保護局（EPA）の前局長スコット・プルイットが下した、すべてのデータを公開できる研究だけを政策立案プロセスで考慮に入れるという決定も助けにならない。私のように、妊娠から子育て期やそのあとまで母子を追跡調査する研究者の場合、政府が定めるプライバシーの規則と倫理規範に照らせば、そんな公開は不可能で不適切だ。プルイットは、この新たな決定を透明性にかんする新構想の一部だと言い表したが、これは産業界による画策である。プルイットの決定によって残るのは、きわめて小規模な研究と、ほぼ産業界から資金援助を受けた研究のみだろう。[367]

本書ですでに述べたとおり、化学物質の害のことになると、米国各州は率先して規制案を出してきたが、進捗は遅く、進み方にむらがある。政策はうまくいく可能性があるが、私たちがこの機運を継続させ、実際に変化をもたらすには、みずから声を上げる必要があるだろう。消費者であるあなたは、自分の財布でメーカーを動かす力をもっている。実のところ、消費者の力こそ、私が自分の仕事に楽観的でいられる秘密なのだ。

有機食品の市場は、この状況の好例と言える。農薬が健康に及ぼす影響を示す科学的根拠は、二〇一〇年には今よりもほぼ間違いなく弱かったが、一九九六年から二〇一〇年にかけて、米国の有機食品の販売額は三五億ドルから二八六億ドルに増えた。[368]有機食品の需要が高まると、スケールメリットによって生産単価が下がり、ひいては有機食品の価格が下がる可能性がある。このような「好循環」によって、人々の尿に含まれる農薬レベルが低下した。妊娠中に受ける曝露が減れば、いつ生まれたコホートの子どもでもＩＱスコアの低下が少なくなり、経済生産性が増すことになる。

二〇年前、フタル酸エステルは消費者にとっての顕著な問題として挙がってはいなかった。その後、思春期や脳の発達、肥満、糖尿病に影響する可能性を示唆する研究結果が出てくると、人々はフタル酸エステルなしの飲料水ボトルを求めはじめた。二〇〇一年から二〇一〇年まで一〇年にわたり疾病対策センターがおこなった全米調査のデータは、尿中のフタル酸エステルの著しい低下（一七〜四二％の低下）を示している。[369] 同じ期間に、フタル酸エステルによる不妊症や肥満などの疾病の負荷（とコスト）も低下していたと考えられる。

もうひとつの例として、哺乳びんにＢＰＡが使われなくなったことが挙げられる。最初に実験で明らかになった懸念をヒトで裏づける研究にメディアが注目すると、消費者は、ジムや外出先で使っている飲料水ボトルにＢＰＡが含まれているかどうかを問いはじめた。二〇〇三年から二〇一〇年のあいだに、ＢＰＡのレベルは五〇％低下した。[370] 二〇一二年には、哺乳びんと幼児用の蓋付きカップでＢＰＡの使用が禁止されている。

真の透明性を求め、力を信じてアクションを

前の章で、ＥＤＣへの曝露が減る可能性を示した介入の研究について、あれこれ述べた。こうした研究では、私たちが職場や学校を除く時間の大半を過ごしている家庭での介入によって、適切な対処をしていた。家庭は、みずからの健康と安全を確保する手段を講じよ

うとするときに、私たちが最初に考える場所である。また、家庭環境には自分で決められるものに限りがあるが、それでもかなりのことができる。食べるものを選び、それを調理し、食卓に並べられる。体に使う日用品や清掃用品を自分で買うこともできる。だがEDCには、生涯でかなりの時間を過ごすもっとたくさんの場所でさらされる。職場や学校にいるとき、さらには、空港や鉄道の駅を経て移動するときだ。また、前に紹介したクルンサチャラム・カンナンらのデータは、曝露をいたるところで受けることを示しており、これを裏づけている。

たとえば多くの大人は、一般に少なくとも週に五日、一日あたり八時間以上は職場にいる。日々の昼食の場面を思い浮かべよう。家で昼食を用意する時間があり、それを職場へもっていく人もいるかもしれない。その場合は、清浄で安全なものを食べられるだけ幸運だと思ってほしい。だが多くの人は、私も含め、デスクを離れる余裕がほとんどなかったり、会議の予定が詰まっているせいで食べるのを忘れそうになったりしているにちがいない。食堂があれば家庭と似たような食事になりうるが、食材は家庭と異なるかもしれない――とくに、ふだん有機栽培の果物や野菜を買っているとしたら。

ファストフードは仕事が忙しい日によく頼りにされるものだが、ファストフードを食べると、尿中のフタル酸エステルのレベルがとても高くなる（二〇～四〇％上昇する）と研究で判明していることを知っておく必要がある。[371] こうしたフタル酸エステルの出どころはおそらく食品包装であり、高温で食品がプラスチック素材に触れるために、その化学物質がしみ出しやすいのかもしれない。[372] ファストフードとそのカロリー量についてすでにわかっていることに加え、フタル酸エステルとそれによる代謝の撹乱について明らかになっていることも考えれば、ちょっと寄り道して脂っこいハンバーガーにかぶりつかないようにすべき理由はひとつどころではあるまい。

次に、あなたが働く職場や子どもが通う学校の物理的状況――そこにある備品、照明、使われている塗料、トイレの石けん、終業後や放課後の清掃で使われる洗剤――を考えてもらいたい。働く場所についてはほとんどコントロールできないように思えるかもしれない。私たちには使う素材を決めることはできなくても、雇用者は、私たちが家庭のものを買うときより、ずっとコントロールすることができる。夜に清掃スタッフが使うクリーナーの強烈なにおいを問題にする「環境チーム」を組織しても、うるさい奴と思われはしない。建物のまわりの地面や建物の内部、あるいは校庭に散布する殺虫剤を最小限にとどめるよう、管理人に頼むこともできるだろう。

カリフォルニア州では、ソラノ郡統一学区の教師たちが学区の運営当局と協力し、安全な素材の使用と清掃の実施を訴えた。それにより、結果的に支出も抑えられたのだ！　フロリダ州のパームビーチ郡の学区では、二〇〇八年に一八〇校で環境に優しい清掃プログラムを導入したため、年間三六万ドルの節約になったと推定されている。しかもこうした推定では、生徒や職員のあいだで喘息などの疾患が減ることによってもたらされる健康上のメリットは十分に考慮されていない。カリフォルニア州の場合、その額は年間四〇〇〇万ドルになる。[373]

消費者個人の力をあまり信じられないとしても、企業や組織の力を考えてみよう！　大企業の従業員が皆で声を上げれば、その企業は主な仕入れ先に、製品の製造方法や材料を明らかにさせるうえで大きな力を発揮するだろう。たとえば米国プロバスケットボール協会（ＮＢＡ）は、非営利環境団体の自然資源防衛協議会（ＮＲＤＣ）と提携し、協会に所属する三〇チーム向けに、グリーン・アドバイザーというウェブサイトを作った。そのサイトには、農薬の使用を減らし、使う農薬をできるだけ毒性が弱いものに限る総合的病害虫・雑草管理〔訳注／農薬を使う化学的な対策だけでなく、環境改善や天敵による防除などもおこない、病害虫や雑草を管理する考え〕についての情報などが掲載されている。各チームが業者に適切な行動をうながすために送る文書の見本もある。[374]　このウェブサイトが完璧で、本書で取り上げたＥＤＣをすべて網羅していると言うつもりはないが、この例は機運の高まりや今後の可能性を物語っている。なんと言っても、いまや『フォーブス』誌は、ＮＢＡの各チームの資産価値が一〇億ドルを超えると評価しているのだ。[375]

家庭であれ職場であれ、私が今伝えたいのはこの言葉だ。**あなたには、自分で考えている以上に、環境を変える力がある。**

ラベル表示がイノベーションと建設的破壊をもたらす

法は人々を十分に守れる早さでは変わらないだろうが、あなたはそれをじっと待つ必要もない。哺乳びんと幼児用の蓋付きカップで、ＢＰＡの使用が禁止された話を覚えているだろうか？　食品医薬品局（ＦＤＡ）が禁止するころには、すべてとは言わないまでもほとんどのメーカーは、すでにラベルに「ＢＰＡフリー」と表示できるようにやり方を変えていた。

もちろん、私たちは政策の変更を主張できるし、州や国がしかるべく動いたときには、きちんと企業に責任を負わせるべきだ。カリフォルニア州が家具に難燃剤を使う必要性をなくしたとき、企業はすんなり難燃剤を取り除きはしなかった。いくつかの有名な活動組織が、この問題をメディアに注目させることで、難燃剤の除去を後押しした。それで、どうなったか？　家具メーカーは自社の市場シェアを守るチャンスと見て、製品にこうした化学物質が含まれていないことを誇らしげに示したのだ。[376]

理想を言えば、不純物が混入していないことを確かめられるデータを求めるべきでもある。私は教え子の学部生たちに、いずれは食品の栄養表示に、タンパク質、炭水化物、脂肪の含有量だけでなく、不純物についての情報も載るようになると期待しているという話をしている。オメガ3脂肪酸サプリメントのメーカーのなかには、水銀や残留性有機汚染物質（ＰＯＰ）が製品に含まれていないことをすでに明記しているところもある。一部の人は、私の考えがうまくいかないと主張し、一般の人には食品に含まれる検出可能なレベルの有機リン系農薬のことなどわからないし、誤解を招くだろうと言っている。そんな懸念もわかるが、データを示す必要があれば、メーカーを大いに刺激して、健全な競争とイノベーションをもたらす新たな機会となりうる。

この場合、たくさんの食品に含まれる化学物質について、コストのかかる検査が必要になるのだろうか？　当初はそうかもしれないが、環境保護を最初に言いだしたときには必ずコストが高く見えるものであり、異常に高いと思われることさえある。だが、需要が大いに増し、大規模かつ安価に検査できる方法が考案されると、価格は下がる。

私は大学院時代、イノベーションにかんするハーヴァード大学経営大学院の講義を受ける機会があり、この考えに関心を向けるようになった。もともと、クレイトン・クリステンセンの著作を読んで、保健医療提供のイノベーションに注目していた。クリステンセンは一九九五年に「破壊的イノベーション」という言葉をこしらえ、価値体系を根本から変えて新たな勝者と敗者を生み出すイノベーションについて述べた。電子的な記憶媒体がフロッピーディスクからCDへ、さらにUSBメモリへと変わったことや、ありとあらゆるものを販売するアマゾンのことを考えてみてほしい。市場シェアを確立している企業は、研究開発や優れた顧客サービスに多額の投資をしていても、立場をひっくり返されることがある。新技術を生み出した新興企業が、競争を根本的にリセットする製品をデザインし、名だたる企業を赤字に陥らせて、ついにはシェアを勝ちとることになるのだ。[377]

こうした出来事は市場を破壊する。名だたるメーカーも、最初にみずからをその地位へ押し上げた原料やプロセスにこだわるあまり、変化に対応できずに、シェアを失う可能性がある。サプライチェーン［訳注／原料から製品が消費者に届くまでの全工程のこと］を再構築しなければならないので、人々をEDCにさらすおそれのある原料を置き換えるのに抵抗を覚えるかもしれない。そんなメーカーは、置き換えるとコストが高くつくと嘆くだろう。だが、彼らはそのコストを消費者に押しつけているにすぎない。消費者は、さまざまな製品で破壊的イノベーションが起こり、製品の特性や価格などの要素について競争の環境がリセットされたときに勝利を収める。名だたるメーカーのなかには、破壊的イノベーションからみずからを守るべく、政府の庇護を求めてロビー活動をするところもあるかもしれない。アダム・スミスはこの考えに反感を抱くだろう。私たちは皆、破壊的イノベーションの恩恵にあずかるのだから。そうした市場の破壊が起こると、市場の効率が高まり、消費者にもたらされる価値が増す。

私たちは、食品の市場で次々と起こる破壊的イノベーションを目の当たりにしているのだろうか？　多額の投資によって、食品の生産・消費・輸送の仕方を根本的に変える活動がいくつも生まれた。有機食品の台頭はこの破壊的イノベーションという現象をうながす一因にすぎず、それ自体はイノベーションへ向かう力を増すものなのだ。有機食品の売上の伸び率は毎年ふた桁近くを示しつづけているが、二〇一六年の食品市場全体は停滞し、伸び率は一％に達していない。[378] 有機食品はまだ食品市場の五％しか占めていないが、その割合が増していくと、市場シェアがテクノロジーなどのイノベーションをうながし、コストを下げ、商品が買いやすくなる。コストコ、ウォルマートなどの大規模小売店や、ホールフーズを買収したアマゾンが、有機食品を提供しだしたときに、あなたもその影響を実感しているだろう。有機食品は、一般の人々のライフスタイルにとって当たり前のものになる可能性があり、もはや裕福な人々だけのものではないのだ。

健康食品に見せかける売り方にも気をつけよう。たとえば「自然（天然）」という表示がある。これは、食品表示でとりわけ残念な抜け穴のひとつだ。「自然」は、農薬やフタル酸エステルの混入については何も示していない。世界の食糧と農業生産を監視している国連食糧農業機関（ＦＡＯ）は、食品の国際基準をまとめている。そのなかに有機食品の基準はあるが、その説明は「自然食品」と呼ばれるものの指針となってはいない。[379・380]同じことは米国食品医薬品局（ＦＤＡ）についても言える。ＦＤＡは「自然」の表示に対し、加工を最小限にとどめ、添加物や着色料が使われていないことだけを求めている。[381]連邦食品・医薬品・化粧品法は誤解を招く表示を禁止しているが、「自然」の定義がないのは、良くても混乱のもとで、悪くすれば誤解を招く。

肉類に使われる「放し飼い《フリーレンジ》」の表示もそうだ。合成化学物質の混入の危険性について言えば、鶏肉や卵に「放し飼い」と表示されていても、農薬が含まれていないとはかぎらない。米農務省（ＵＳＤＡ）は、「放し飼い」と表示する卵について、「産卵サイクルのあいだにいつでも屋外へ行く……ことができる建物や部屋やエリアのなかにいる雌鶏が産んだ」ものであることを求めているだけだ。[382・383]工場飼育が嫌なら、放し飼い表示のものを買うのは良いと感じるかもしれないが、それは別の問題である。

透明性の欠如

私たちがＥＤＣにさらされている状況を変えるうえで、大きな障害はほかにもある。多くのメーカーは、特許と「企業秘密」を盾にして、製品に含まれる原材料を開示しようとしないのだ。この点で、カリフォルニア州の法制度はいくらか進んでいる。同州は現在、洗剤の原材料の開示を義務づけている。多くの場合、既知の化学物質を丹念に調合した混合物に加えられた香料などに、新たな化学的危険はひそんでいないかもしれないが、透明性が担保されていなければ、人々の健康や経済はリスクにさらされたままで、私たちはそれを知りもしないことになる。

食品は、十分で適切な毒性試験をおこなわずに添加物が使われるおそれのあるもうひとつの領域だ。米国では連邦食品・医薬品・化粧品法により、業界の科学者がこうした添加物を「一般に安全とみなされる（ＧＲＡＳ）」物質に指定することで、安全性を保証できてしまう。ＦＤＡは、ＧＲＡＳ指定を持ち出されると、特段の安全性試験による証拠を要求できない。ＦＤＡのウェブサイト「米国で食品に使用される全物質」[384]に掲載されている三九四一種類の食品添加物のうち、生殖毒性データがあるものはわずか二六三種類（六・

七％）で、発達毒性データがあるものは二種類にすぎなかった。たいていの人は、どこかの企業に勤めるひとりの科学者が安全と言ったがために、なんらかの化学物質や製品が「安全」とみなされていると知れば、激怒しないまでも不安になるのではないかと思う。

もちろん私は、食品への使用が認可されている大多数の添加物が安全ではないと言っているわけではない。また、表示にある原材料のそれぞれについて、あなたが学ぶ必要があると言っているわけでもない。本書全体で語ってきた曝露を抑え、そこに力を注げば、十分に効果があるだろう。

一方で私たちは、食品中の物質について、さらに言えば、私たちが購入するどんな製品に含まれている物質についても、透明性を強く求めることができる。そうすれば、専門家がそうした製品に含まれている物質を調べ、足りない情報を明らかにしてそれを埋め合わせる機会ができる。その情報提供は、必ずしも企業に大きな負担をもたらしはしない。ウェブサイトやＱＲコードなどで伝えれば、人々が情報量の多さに圧倒されないように製品の表示を簡素化することができる。

現在のグローバル化した市場では、企業はほかの国のパートナーに、製品に含まれる原材料を正確に報告させることができないと言う人もいるだろう。そうした人は、国外の安価な製品を作るメーカーにやり方を改善させられないと訴えるかもしれない。だがもしかすると、私が次に言うような健全な競争で、市場における米国の存在感が増すのではなかろうか？　汚染物質に気を配る生産者の拠点が米国にあれば、それで米国に雇用が戻ってくるのではないか？　ここまで、製造の実態と政策が曝露をもたらし、病気につながり、経済生産性という形で国にコストを払わせていることを見てきた。この問題をなくし、それに伴って米国内に雇用が戻ってくれれば、あらゆる政治的立場の人に受け入れられる変化となる気がする。

ＥＤＣは、本書で明らかにした健康上の問題であると同時に、地球規模の問題でもある。私たちが正しいことをおこなわなければ、ほかの国の企業が先に目の前の脅威に気づくかもしれない。率先して変化を起こす国は、ＥＤＣにさらされないことを重視するようになっている一般の人から見て競争上優位となり、いずれは勝利を収めるだろう。

未来に何が期待できるか？

ゼネラル・モーターズは従業員に有機食品だけを食べさせるようになるのだろうか？　カイザーパーマネンテ［訳注／医療機関と保険サービスが一体化した米国の巨大コンソーシアム］はフタル酸エステルなしの医療機器を使うようになるだろうか？　ホールフーズが、パーフルオロ化合物（PFC）や過塩素酸塩、難燃剤を使っていないと報告する業者だけから包装材を買う日が来るのか？　アマゾンがガラス容器に入った食品を値引きし、フタル酸エステルやビスフェノール類のない食品包装を求めるようになることさえあるのか？

　そんな未来はずっと先ではないかもしれない。二〇一八年七月末にクラフトハインツカンパニーは、環境保護をさらに進めるためとして、二〇二五年までに自社の包装材をすべて、再生や再使用や堆肥化が可能なものにすると公表した。この態度表明のどこにも化学物質の有無についてはっきり述べた言葉はないが、製造プロセスを切り詰め、絞り込んで、最大限再使用をすることで、廃棄物を最小限に抑えるという「循環型経済」へ巨大多国籍企業を向かわせる動きが生じたのは、それほど昔のことではない。クラフトハインツが公約を実現するかどうかはいずれわかる。この会社が食品包装の方法を変えることができれば、社会に莫大な影響を及ぼすだろう。[385]

保健医療の意識改革

本書で可能性を示唆した変化は、長期的に見てようやくメリットが現れるように思えるかもしれないが、曝露を減らすことで得られる短期的なメリットを考えてみよう。フタル酸エステルが入った芳香性の製品を使うのをやめれば、二四～四八時間以内に尿中の含有量に変化が見られる可能性がある。フタル酸エステルは気道を刺激するものだとわかっているので、もともとアレルギーをもっていたり副鼻腔の問題を抱えていたりしたら、もっと早く気分が良くなるかもしれない。性ホルモンは、人体での一般的な半減期が一週間ほどなので、その後まもなく変化がわかるだろう。肥満や糖尿病への影響が現れるには、まちがいなくもっと時間がかかるだろうが、ほかに考えられるメリットは、それよりずっと早く効果が現れる。

　ならば、なぜ保健医療提供者は、健康診断でいつもこの問題について話さないのだろう？

　まず第一に、予防については処方といったものがない。医師は、診断と治療をおこなう教育を受けている。だが予防には、医学教育で同程度の——あるいは相応の——関心がもたれていない。環境保健に目を向けると、その違いはいっそう明白になる。多くの医学部では、環境保健の教育をまったくおこなっていないか、わずかにおこなっているだけだ。私が医学部にいたころ、平均的な学生は全体の四年のあいだに環境保健の教育を七時間受けていた[386]。その時間は、一般的な冠動脈バイパス手術——三年目の外科のローテーションでよく経験する——にかかる時間より短い。研修医になってもあまり変わらない。二〇〇三年の調査で、小児科の研修期間に鉛への曝露と喘息の環境因子以外のトピックを扱っていたところは、半数にも満たないことがわかっている。[387]

環境保健について、医学部のカリキュラムの見直しはずっとされていないままだ。だから、その話をするのを避ける医師がいるのも意外ではない——なんといっても、保健医療においてなにより嫌がられている言葉は「わかりません」なのである。しかし、私たちが粘り強くこの問題を取り上げて尋ねれば、経験の長い医師でさえよく調べ、それに取り組む覚悟をもたざるをえなくなる。そんな要請が、研修期間後にも医学教育を継続し、医学部や研修期間のカリキュラムを変えるための強い刺激になる。一方でまた、曝露を減らすメリットを実証する介入手段の研究や、化学物質への曝露を測定するコストと採算性を実際に普及させられる範囲に収めるためのイノベーションが、もっと必要とされる。

保健の専門家の意識改革も必要になる。予防に注力している人々のあいだでさえ、まだまだ化学物質への曝露、とくにＥＤＣについて話し合うようになってはいない。現在、世界規模の健康問題の領域では、「非感染性疾患」というものが戦略的に重く扱われていないのだ。私たち人類は、感染症、とくにＨＩＶや結核やマラリアを相手にすることにかけては、大きな進歩を遂げている。そうした挑戦は、決してまだ終わってはいない。その一方で、肥満は先進国でも発展途上国でも蔓延しており、あとには糖尿病が待ち構えている。世界じゅうの保健関係の省は、男女の生殖障害、がん、神経発達障害の増加[388]に取り組みだしているが、その増加は予算を破綻させ、私たちが平均寿命にかんしてなし遂げてきた進歩をおびやかしかねないだろう。

ところが肥満や糖尿病について語られる内容を見ると、食事や運動のような生活習慣を変えることばかりに目を向けているのがわかる。いや、誤解しないでほしい。こうした生活習慣は、肥満や糖尿病の広まりを考えるうえで重要な要因だ。さらに、貧困、教育、失業、地域も、潜行性の要因として加えよう。これらはまとめて、**健康の社会的決定要因**と呼ばれる。私は、こういう問題への取り組みには大いに敬意を表している。そしてこれらも**環境要因**に含まれる。だが私が異を唱えたいのは、環境の定義の狭さである。世界保健機関（WHO）はEDCを新たな公衆衛生上の問題と認めているのに、非感染性疾患にかんするWHOの最新の報告書にさえ、EDCは載っていないのだ[389]！

食事と運動にかんする介入が肥満に及ぼす効果のデータをよく見てみよう。コクラン共同計画は、名高い非営利の国際組織であり、政策立案者などが情報にもとづく決断を下せるよう、科学文献を精力的に読み込み、厳しく論評しているため、高い評価を受けている。二〇一一年にコクランは、六～一二歳児を対象とした五五件の小児肥満の予防研究について論評をおこなっている。それによれば、予防の有効性を裏づける有力な証拠はあったが、試された介入手段がまちまちなので、解釈には大いに制約があった。介入のなかには家庭でおこなわれたものと学校でおこなわれたものがあったので、いったい何が効いたのかがわかりにくかったのだ。教師が学校でおこなう介入の役目を受け入れた場合もあれば、子どもに直接介入がなされた場合もあった。[390] また、肥満予防のための介入を個人のレベルでおこなった研究の大半は、効果が長期的に維持されるかどうかを調べてはいなかった。私たちは皆、健康的な食事と積極的に運動する生活習慣を続けるのがどれほど難しいかを知っている。よく言われるように、節制の誓いはいともたやすく破られてしまうのだ。

留意すべき大きな要素がもうひとつある。こうした介入には、資源を多く使い、コストもかかった。必ず有効となる介入方法が明らかになり、それを利用するにしても、保健関係の省庁が住民のひとりひとりに介入を実施するためのコストに比べ、ひとにぎりのメーカーのみが作っているような肥満促進物質を規制するためのコストについてはどうだろうか。確かに、規則を確実に守らせるのにコストはかかるが、そうしたコストはほとんどメーカーが負担するもので、場合によっては消費者に転嫁される。

私は肥満について、生活習慣に働きかける代わりに、ＥＤＣへの曝露を減らすことに的を絞ろうと言っているのではない。私たちは、どちらのタイプの介入も実行できる。私が言いたいのは単にこういうことだ。「蔓延する事態が差し迫っているというのに、選択肢を提示しない理由などあるだろうか?」

社会的な決定要因も化学物質への曝露も、全部ひっくるめてはるかにうまく取り組めそうな、幅広い概念のなかに収められる。二〇〇五年、国際がん研究機関を率いるクリストファー・ワイルドは、「エクスポゾーム」という概念を生み出した。あらゆるタイプの環境曝露(いくつか例を挙げると、化学的曝露、社会的曝露、物理的曝露がある)を含む幅広い概念だ。その根底には、本書ですでに語った分子レベルの技術——エピゲノミクス、メタボロミクス、尿や血液の化学物質曝露の測定など——を使ってエクスポゾームを測定し、その分析をもとに、有害物質への曝露による病気の予防や治療のためにあらゆることをおこなうという考えがある。[391]

健康の社会的な決定要因について唯一の定義はないが、これまでより多くの科学的実情が明らかになるのに合わせて、考えなおすべき時期なのかもしれない。意識を変えなければ、新たな課題に対処できるようになるのが遅れてしまうことになる。そしてEDCはそのひとつなのだ。

私たちが変化しなければ

私たちがＥＤＣに対処するうえで必要な変化は多岐にわたる。理論上は、政策の変化でそのすべてに対処できるだろう。だが、私たちのひとりひとりが立ち上がり、声を上げ、家族や友人や同僚と一緒に家庭や職場で行動を起こす必要もある。患者であれば、ＥＤＣについて尋ねる力をもたないといけない。医師や科学者であれば、だれもが説明責任を負い、新たな科学的実情と課題を受け入れるべく、方法と意識を改める必要性も認めなければならない。

本書で、気候変動について何度か触れた。もちろん、私たちの地球が住めない星になってしまえば、ＥＤＣのことなど二の次になるだろう。だが、二酸化炭素排出量を減らして気候変動に対処できるとしよう。それがうまくいったとしても、優れた医療や新しいテクノロジーで手に入れた健康をむしばむところまで、すでに私たち自身や野生生物やさらに広い生態系を汚染してしまっているおそれはある。

私はＮＹＵで学部生に、君たちは人類の未来にとって一番の希望だと話している。一九八〇年代初め～九〇年代半ばに生まれた「ミレニアル世代」や一九九〇年代後半～二〇一〇年ごろに生まれた「Z世代」は、上の世代よりも、人類や地球が直面している環境の脅威に対する意識が高い。だが私は、こうした問題を解決するうえで、上の世代が果たす役割も否定しない。そのうえで、私の世代だけでなく、それより新しい世代と古い世代にとっても非常に有効だとわかったのは、私がもつデータを示し、EDCのような問題について対話を始めるというやり方だった。

なかには、「さらなる研究が必要」といった言葉を使い、自分のデータに対する見方を伝えようとしない研究者もいる。本書で見てきたとおり、EDCについてわかっていないことを明らかにするにはまだまだ研究が必要だが、私には、いわば火事を見つけたら報告する責任がある。内分泌攪乱物質は、私たちの時代で二番目に大きな環境問題だ。化学物質と、その安全性の検査方法や使用方法について、またデータに必ず遅れが見られるという現状をどう考慮に入れるかについて、幅広く対話をしなければ、EDCに対処することはできまい。それなのに私たちは、予防可能なEDC曝露によって、病気になりやすく、太りやすく、ずっと貧しくなっている。

したがって、本書を読み終えたあなたがなすべきは、まだ知らない人々にここに書かれたメッセージを伝えることだ。あなたは抵抗や議論や反対に直面する可能性もある。しかし、EDCについてあなたが話をするどの相手にも、こうした予防可能な曝露が原因かもしれない慢性病をもつ家族がいるはずだ。彼らは、この問題とかかわりをもちたがらずに去って行くかもしれない。だが、最初は何も知らなかったところから一歩踏み出したのは間違いない。

こうした行動をとるとき、あなたはひとりではないことを知っておいてほしい。本書は、数十年にわたり努力を重ね、人々を守るために数々の挑戦を舵取りしてきた何十人もの科学者の成果にもとづいている。彼らに私は感謝と深い敬意の念を抱いている。サー・アイザック・ニュートンの言葉を借りれば、私は巨人の肩の上に乗っているのである。

謝辞

本書は、妻のケイトリン・アプトヴィッチ・トラサンデの力強いサポートなしには決して世に出せなかっただろう。ケイトリンは私たち家族を支える堅固な岩で、いつでも本書の執筆をはじめ、私のあらゆる夢を追い求めるように励ましてくれた。そして、二〇一三年から二〇一四年にかけて内分泌攪乱物質（ＥＤＣ）疾病負荷ワーキング・グループの討議で頻繁に出張していたあいだ、留守を守ってくれた。子育ては大事なことで、ふたりの息子、カミーロとラミーロはとても幸運に恵まれている。ケイトリンがどうやってそんな大仕事をなし遂げているのか、私には知るよしもない。

私はまた、著作家の家族と結婚する幸運にも恵まれ、義理の姉クリスティン・オキーフ・アプトヴィッチと夫のアーネスト・クラインが協力してくれたおかげで、本書が誕生した。クリスティンの著書『非凡の人、ミュター博士――近代医学の夜明けにおける策謀と革新についての実話』（*Dr. Mütter's Marvels: A True Tale of Intrigue and Innovation at the Dawn of Modern Medicine*）が上梓されたときに、私はファウンドリー・リテラリー＋メディアのイファト・ライス・ゲンデルに会った。イファトは実にさまざまな点で特別な人だ。私はあとになって初めて、彼女が父親と内分泌系にかんする本を著していたことを知った。彼女はすぐに科学的内容を深く理解し、私にとって出版というまったく異質な世界において、優れた案内人となってくれた。

クリスティンとアーネストは、この出版企画の多くの時点ですばらしい相談役を務めてくれた。本を書くというのはマラソンに近く、私は畏れ多くも、『ニューヨーク・タイムズ』紙のベストセラーリストに載ったこともあるふたりの著者に、印象をチェックしてもらい、アイデアを出してもらった。マラソンといっても、本の執筆は非常に起伏があり、オースティン・マラソンに近い。ふたりの心理的なサポートは、本書の最後のひと踏ん張りで欠かせなかった。おかげで、二〇一七年に私がオースティン・マラソンを走ったときの最後の一一番街の坂よりはるかに楽になった。

またイファトから、この出版企画で私のパートナーとなった、すばらしきビリー・フィッツパトリックを紹介された。この話を語るうえで私はそんな科学者になろうとはしていなかったのだが、ビリーは科学の内容をわかりやすく言い換えるために辛抱強く指導し、生き生きとした調子を残しながら、本文でじょうずに科学研究について言及するようにしてくれた。多数のＥＤＣとその影響には気が滅入ったり心を乱されたりしやすいものだが、私は現在と未来を楽観しており、ビリーは私の言葉とその楽観性を確実に際立たせてくれたのである。

ホートン・ミフリン・ハーコートの思慮深く情熱的な編集者デブ・ブロディと、彼女を強力にサポートした原稿編集者のレベッカ・シュプリンガー、出版人のブルース・ニコルス、社長のエレン・アーチャー、編集長のマリナ・パダキス、制作部長のトム・ハイランド、本文デザイナーのクロエ・フォスター、制作コーディネーターのマーガレット・ローズウィッツ、ジャケット・デザイナーのマーサ・ケネディ、広報担当上級副社長のローリ・グレイザー、広報部長のサリ・カミン、マーケティング担当重役のブリアンナ・ヤマシタ、上級マーケティング部長のブルック・ボーンモン、販売担当上級副社長のメーレ・ゴーマン、編集補助のオリヴィア・バーツにも感謝したい。

オーディブルのコンテンツ取得チーム、マーケティングチーム、制作チームも含めたオーディオ出版チームにも、このトピックと私がそれを取り上げたことに対し、早くからサポートしてくれた点について感謝している。彼らがこのテーマには社会に広めるための演壇が必要と気づいたおかげで、本書はいわば安住の地を見出した。

さらに、ファウンドリー・リテラリー＋メディアのチームにも謝意を表したい。イファトの同僚ジェシカ・フェレマンとアシスタントのアンナ・ストレンプコ、海外権利ディレクターのマイケル・ナーデュロと同僚のハイディ・ガル、契約ディレクターのディアドリー・スメリロと同僚のハリレー・バーデットおよびメリッサ・ムーアヘッド、それにディレクターのリッチー・カーンと同僚のモリー・ゲンデルを含む娯楽映像チームのほか、彼らを管理しているサラ・デノブレガや同僚のコレッテ・グレッコとサラ・ルイスも忘れてはならない。

私の研究者仲間の多くも、本書の初期の草稿を批評してくれて非常にありがたかった。ジェリー・ハインデル、ロレッタ・ドウン、ピート・マイヤーズ、クルンサチャラム・カンナン、トム・ゼラー、バルバラ・デメネイクス、シーラ・サティアナラヤナ、アフガル・ガッサビアン、リンダ・カーン、パット・ハントなどだ。

公衆衛生は、大いにチームスポーツでもある。私は、すばらしい仲間のいる大きなグループとともに働くという大変な幸運に浴した。仲間は皆、実にいろいろな面で寛大だったので、本書の土台を固めてくれた。私は最善の努力を尽くしたが、何か遺漏があればお詫びしたい。まず第一に、ジェリー・ハインデルは、私のＥＤＣ研究を温かく励ましてくれただけでなく、ＥＤＣ疾病負荷ワーキング・グループのすばらしい運営委員会を取り仕切るうえで頼れるパートナーでもあった。ピート・マイヤーズも、国際的な研究チームをまとめ、さまざまな会合へ研究者が出向くための予算をつけるという重要な役目を果たしてくれた。そして本書は、彼がシーア・コルボーンとダイアン・ダマノスキとともに著した『奪われし未来』でＥＤＣの影響を明らかにした見事な記述にもとづいている。

ジェリーとピートは、ＥＤＣの分野で本書が肩の上に乗った巨人たちのうちのふたりにすぎない。運営委員会には、ほかにもトム・ゼラー、ウラ・ハス、アンドレアス・コルテンカンプ、フィリップ・グランジャン、ジョー・ディガンギ、マルティン・ベランジェ、ラス・ハウザー、ジュリエット・レグラー、ニルス・スキャケベクといったメンバーがいた。ワーキング・グループにいたほかのメンバーは、アナ・ソト、ポール・Ａ・ファウラー、パトリシア・ハント、ルーサン・ルーデル、バーバラ・コーン、フレデリック・ボア、スーレン・ジーブ、シーラ・サティアナラヤナ、ジャーメイン・バック・ルイス、ヨルマ・トッパリ、アンダース・ユール、ブルース・ブラムバーグ、ミケル・ポルタ、エヴァ・ホファーツ、バルバラ・デメネイクスである。

ＥＤＣ疾病負荷ワーキング・グループは、アネット・プリュス＝ウストゥン、ロベルト・ベルトリーニ、デイヴィッド・トードラップから知的支援も受けた。全仏生命科学・保健連盟のシャルル・ペルソーズ、ロベール・バルーキ、マリオン・ル・ガルと、ＵＭＲ

7221(パリ)のバルバラ・デメネイクス、リンジー・マルシャル、ビラル・ムガール、ボラジ・セフーは、二〇一三年にパリでおこなったワーキング・グループの初会合へ向けた各種打ち合わせで温かくもてなしてくれた。国際内分泌学会とジョン・メルク基金とオーク財団も、初回とその後の会合への旅費を支援してくれた。ラルフ・S・フレンチ慈善財団は、米国の疾病負荷とコストの研究に追加支援をおこなってくれた。

それから、私と共同研究をしてくれたたくさんの人に深い感謝を伝えなかったら怠慢だろう。だが間違いなくだれかを漏らしてしまうので、全員をリストアップしようとはしない。とくに、二〇一一年にニューヨーク大学(NYU)で私が最初に雇用したテレサ・アッティナの強固なサポートについては感謝を伝えきれない。今これを書いている時点で、テレサと私は科学誌に一九の論文を発表しており、そのなかには、本書で語っている三四〇〇億ドルというEDCによる病気のコストを報告した、『ランセット糖尿病・内分泌学』掲載論文もある。しかし、それでも本書の土台を築いた研究に彼女がしてくれた多大な支援を十分に言い表せてはいない。

ジャン・ブルスタインにNYUで非常に早く出会ったのも、とても幸運だった。ジャンは博学で、おまけに感情的知性も高い。これまでにかぞえきれないほど、統計のサポート、執筆のアドバイス、大学の政治を舵取りする方策など、なんでもジャンを頼りにすることができた。本書でとくに取り上げている研究をおこなった小児科医仲間のシーラ・サティアナラヤナとは、長年楽しく一緒に研究することができた。エラスムス大学医療センターのジェネレーションRグループに属するヴィンセント・ジャドーらは、環境が子どもの肥満に及ぼす影響を調べるうえで、たぐいなきパートナーとなった。私たちは、このすばらしい共同プロジェクトの成果をようやく示しだしたところにすぎない。

ニューヨーク大学の医学部は、この分野における私の研究を進めるうえでまたとない拠点となった。副学部長のダフナ・バル＝サギと学科長のケイティ・マンノは、以前から私の研究を支持し、ずっと物資や資金などの援助をしてくれた。小児科医学科のなかでは、マリア・イワノワ、アン・マーガレット・マカダムズ、ブリタニー・リーチ、レイモンド・キャンベルにも特別な感謝を捧げたい。マーク・グーレヴィッチとマックス・コスタは集団衛生・環境医療学科の責任者で、ベナード・ドレイヤー、ジョージ・サーストン、アディナ・カレットとともに、私の指導委員会の委員を務めてくれた。アーサー・フィアマンは、今私のいる環境小児科医学部を開設・指揮する前に率いていた一般小児科医学部から移ったあとも、変わらず熱意あふれる研究者仲間かつ友人のままでいてくれている。

私自身が率い、発展を続けている環境小児科医学のチームも、とにかくすばらしかった。ムルドゥラ・ナイドゥ、マヘテ・ムポティ、トニー・コシー、ジョー・ギルバート、ギャリー・アルセドは、私がいくつもの仕事のやりくりに本の執筆を加えていたあいだ、私のプロジェクトの多くを推し進めてくれた。アフガル・ガッサビアン、リンダ・カーン、アビー・ゲイロードは、最高の同僚だ。私はリンダを出版業界で編集をした経験ゆえにポスドクの研究員として受け入れたわけではなかったが、彼女はこの出版企画のさまざまな段階ですばらしい相談役のひとりとなった。二〇一三年に子どもを対象におこなった世界貿易センターの曝露調査をはじめ、これまで何年ものあいだ私のすべてのプロジェクトでともに働いた研究スタッフ全員にも礼を述べよう。

両親のドロレス・トラサンデとレオナルド・トラサンデ（シニア）が払った犠牲と乗り越えた難題について、私が考えなかった日はほとんどない。彼らは私が生まれてまもなく米国へやってきた。私の家族のような人々は、私たちの偉大な国を築き上げたのが移民であることのさらなる証明となっている。きょうだいのナンシーも私も、（それぞれ）法律と医療の仕事で社会に還元しようとしてきた。その還元という考えは、両親に幼いころから教え込まれたもので、そのことにも深謝したい。

最後になったが、一番感謝しているのは、私が仕事のキャリアを通じて尽力させていただいた多くの家族だ。彼らはＥＤＣの危険に気づかせてくれた。本書のなかのエピソードの一部をなす彼らの話に、私がふさわしい力を与えていることを願うばかりだ。病気やコストも心を動かせるが、ＥＤＣによる症状をもつ患者のひとりひとりに、伝えるべき話がある。そんな話が、本書のなかに収められずにまだたくさんある。臨床医や研究者や政策立案者が現代における最大級の公衆衛生上の危機に取り組む必要があると、私に声を上げさせてくれたすべての人に、感謝している。

解説　奪われた未来を取り戻す

中山祥嗣
（国立研究開発法人国立環境研究所）

本書の著者、レオナルド（レオ）・トラサンデは、大変チャーミングで、礼儀正しく、しかしながら、どんな批判にも屈しない、熱い情熱を持っている。彼と私は、ほぼ同い年で、医学部を卒業したのも、医師としての研修をしていたのも同じ時期だ。レオが、マウントサイナイ医科大学医学部で助教になった年に、私は渡米し、米国環境保護庁の招聘科学者（ポストドクトラル・フェロー）となった。レオが、ニューヨーク大学の准教授になった年に、私は日本に戻り、国立環境研究所で主任研究員になった。レオは研究と同時に、小児科医を続けているし、私も医師としての活動を続けている。私は、彼にはじめて会ったとき、子どものころからの知り合いのような感覚を持った。以来ことあるたびに気軽に相談する、大きな池の向こうの親友だ。

そんなレオが書いた本書は、内分泌攪乱物質（ＥＤＣ）が、依然として世界的に大きな問題であることを受けている。特に欧米では、ＥＤＣに関する研究分野には、日本の数百倍、あるいはそれ以上の研究費が支出されている。その結果、この二十数年間に、かなりの「証拠」が見つかっている。人への影響に関していうと、「証拠の確かさ」には段階があり、最も確かな「証拠」は、人を直接観察して得られたもの（疫学研究の結果）だ。人での証拠が手に入らなければ、動物実験の結果を考慮する。だが世界中の研究者の努力によって、人での十分な証拠は増えてきている。

日本では、ＥＤＣは一時期「環境ホルモン」と呼ばれて、報道が過熱した。『奪われし未来』出版直後の一九九八年に、ダイオキシンの問題とあいまって、ポリカーボネートやカップ麺の容器から、ビスフェノールAやスチレンモノマーが溶出する問題などがメディアにとりあげられ、「環境ホルモン」問題は一気に燃え上がった。レオも書いているが、実はこの時、世界に先駆けて研究に取り組んだのは、日本の研究者たちだった。このとき主に問題にされたのは、女性（化）ホルモンであったが、いわゆる「環境ホルモン」とその疑いを持たれた化学物質のほとんどは、実際の女性ホルモン（エストロゲン）に比べて、非常に弱い効果しかない。だから、従来の毒性学的な研究（動物実験、生物試験など）では、ほとんどの「環境ホルモン」は、たいした影響はないと報告されることになった。このような研究結果が出るにつれ、「環境ホルモン」騒ぎは急速に収束した。日本人は「熱しやすく、冷めやすい」のかもしれない。しかし、ＥＤＣの影響は、脳や甲状腺、生殖細胞など、動物実験では検証しにくいものが多い。また、影響はとても小さく、その効果は単純に量に比例するものではなく（本書第2章参照）、従来の毒性学では確認できないのだ（慎重にデザインされた、人の観察研究によってはじめて、少しずつではあるが確認されるようになった）。本書では「環境ホルモン」という言葉は使わない。「環境」というより私たち自身や子どもたちの問題であるし、「（女性）ホルモン」以外にも、脳や甲状腺、免疫機能などに広く影響する化学物質として、認識する必要があるからだ。

さて、今や日本人の二人に一人ががんになり、三人に一人ががんで亡くなる時代だ。一方で、医学の進歩により、感染症で死亡する人の数は劇的に減った。その結果、がんや再生医療に対する研究費は増え、感染症に関する研究費は大幅に減った。これは、先の事実を考えれば当然と思われるが、はたして本当にそうか、よく考える必要がある。誤解を恐れずにいうが、がんで人類は滅びない。感染症はちがう。スペイン風邪の時代とちがい、グローバルに人が動く現在では、人類という種を地上から消し去る可能性もある。研究費も含めて、限りある資源をどのように使うか、社会が選択しなければならない。特に日本は、その時々の流行やマスコミの論調などに影響されて、このような社会基盤に対する研究投資の方向性が決められる傾向が強い。今回の新型コロナウイルス感染症パンデミックに際して、日本がワクチン開発に関して欧米におくれを取ったのは、社会の基礎体力の低下であり、人類存亡にかかる研究開発を軽んじたことも一因している。文部科学省の科学技術・学術政策研究所の報告書「科学技術指標2019」をみても、日本の政府研究費が製薬会社などの企業に支給される割合が、他国と比べて極めて低いこともわかる。これは私たち一人ひとりが考える必要がある問題だ。

本書でレオが指摘する、化学物質による健康影響も同様である。第5章、6章で紹介されている男性や女性の生殖機能への影響は、直接人類の種の存続に関係する。先ほども述べたが、がんで人類は滅びない。なぜなら、ほとんどすべてのがんは、私たちが生殖を終えたあと（つまり、子孫を残したあと）発症するからである（白血病など、子どものときに発症するがんもあるが、多くはない）。反対に、化学物質による生殖機能への影響は、人類の存続そのものにかかわる。さらに、第3章で記されているように、脳や神経系にも影響がある可能性がある。

今、世界が最優先課題として取り組んでいる気候変動の問題も、それが解決された将来、人類が存続していないとしたら意味がない。この問題は「今そこにある危機」であり、私たちが、一刻も早く認識し、立ち上がり、取り組まなければならない課題である。一方で、レオも指摘するように、化学物質による健康への影響は、気候変動の問題と似ている点もある。それは、一つひとつの影響が目に見えず、誰も気がつかないほど小さいものであることだ。気候変動による平均気温の上昇は、そのもの自体を短期間で体感できるほど大きくはない。気候変動枠組条約締約国会議（ＣＯＰ21）におけるパリ協定（二〇一五年）は、世界的な平均気温上昇を産業革命以前に比べて二度より十分低く保つとともに、一・五度に抑える努力を追求することを目指している。この二度の重要さは、普通の感覚ではわかりにくい。例えば、比較的年間の気温差の少ない沖縄でも、冬と夏とで気温差は一五度以上もある。また二度というのは、昨日と今日の差より小さい場合もある。目標が二度であるということは、これまでの平均気温上昇は、実際はこれより小さい。これが、気候変動対策を難しくする一因でもあるが、近年増加する集中豪雨や豪雪などの異常気象は、世界のこの微妙な平均気温上昇に由来しているのである。

化学物質の影響も一人ひとりに対しては、大きくない場合が多い。例えば、第２章で紹介されている有機リン系殺虫剤クロルピリホスと出生体重（赤ちゃんが生まれた直後の体重）の関係では、もとの論文にあたると、臍帯血《さいたいけつ》（出産後、へその緒から取った血液。赤ちゃんにも母親にも影響なく採取できる）中のクロルピリホス濃度が約二・七倍（自然対数ｅ倍）になるごとに、赤ちゃんの生まれたときの体重が平均で約四三グラム減少したとある。日本人の出生体重はだいたい三〇〇〇グラムだから、四三グラムといえばその一・

四％程度、赤ちゃんの最初のうんちより軽いくらいだ。さらに、クロルピリホスのＩＱ（知能指数）への影響は、高濃度の場合三〜五ポイントの減少とある。ＩＱは平均が一〇〇になるよう設計されている指標で、これが九七や九五になっても、本人もまわりも普通気がつかない。このようなとき、研究者がよく使う言葉は、「研究の結果は、クロルピリホスによる出生体重の減少が示唆された。しかしながら、その変化は臨床的には大きな問題がない範囲であった」である。要するに、化学物質が健康に影響することがわかったが、一人ひとりに対する影響は小さいので、心配しないでいいですよということである。確かに、殺虫剤を使うと赤ちゃんの体重が減ると聞くと心配になるが、その心配を打ち消すために、臨床的には大きな問題がないと言い続けるのはいかがなものか。われわれ公衆衛生を専門とする医師は、たった平均四三グラムの出生体重減少であっても、社会的には大きな問題であるととらえる。

レオは、この問題に対して、経済学を用いて、わかりやすく伝えてくれている（第１章）。米国では、平均的な子どもの生涯生産はおよそ一〇〇万ドルだという。ＩＱスコアが一ポイント下がると、生涯生産が二％（二万ドル）低下する。米国では毎年四〇〇万人が生まれているため、子ども全員のＩＱが一ポイントずつ下がると、国全体では八〇〇億ドルの経済損失があることになる。同じことが日本でもおきていると仮定して計算してみる。ＯＥＣＤ（経済協力開発機構）によると日本の購買力平価（同じものに対する価格をもとにした均衡為替相場）は、米国を一としたときに一〇二・八だ。したがって、日本の子どもの生涯生産はおよそ一億円であり、日本では年間出生数が約一〇〇万人であるため、ＩＱスコアが一ポイント下がると日本全体では、約二兆円の経済損失である。二〇二〇年度の日本のＧＤＰ（国内総生産）が五二七兆円であるから、ＧＤＰにして約〇・四％の損失だ。本書の参考文献26にレオが小さく紹介した逆フリン効果（フリン効果は、ニュージーランドの研究者ジェームズ・フリンが提唱した、一九三〇年以降世界のＩＱは徐々に上昇しているという考え方）によると、英国、デンマーク、フランスでは、化学物質が多く使われ始めた一九七〇年代以降、一〇年ごとに約二ポイント、ＩＱが減少していた。それから五〇年で一〇ポイントだ！　一人ひとりにとって小さな変化でも、社会全体にとっては目に見えて大きな問題になるのだ。

「日本でもおきていると仮定して」といったが、実際にこのようなことが日本でおきていることがわかってきている。われわれは、環境省事業「子どもの環境と健康に関する全国調査（エコチル調査）」を実施している。エコチル調査は、環境省が二〇一一年に始めた全国調査であり、国立環境研究所が中心機関となり、全国一五拠点の大学・病院と共同して実施する出生コホート調査だ。出生コホートは、本書でもいくつか出てくるが、子どもたちを生まれる前（胎児期）から長期間追跡する調査である。本書で引用されている調査と、われわれの調査の大きな違いは、その規模だ。前者は、大きくても数百から数千人規模であるのに対して、エコチル調査は全国で一〇万人以上の参加者の協力を得て、進められている。コホート調査というものは、健康影響が出る前から、対象者を長く追跡する必要があり、根気よく続けることが重要で、エコチル調査も開始から一〇年が経過し、少しずつ重要な結果が出始めている。例えば、妊娠中に母親が喫煙していると、生まれた子どもは平均で一二五〜一三六グラム出生体重が減少していた。[1] また、母親の血液中の鉛の濃度が〇・一μg／dl上昇するごとに、五・四グラム出生体重が減少していた。[2] 母親の血液中の鉛の濃度は、一番低い人で〇・二μg／dl以下、一番高い人で七μg／dlを超えていたことと合わせると、出生体重の差としては約三九〇グラムだ。また、母親の血中カドミウム濃度が高くなると、胎児の発育に影響し、出生体重が減少することがわかった。[3] 血中カドミウム濃度を低い方から高い方に並べ、高い方から順に四分の一ずつの人数になるように区切る（四分位という）。そうすると、一番低いグループに比べて、一番高いグループでは、女の子の発育不全の危険度（リスク）が一・九倍になった。さらに、カドミウム濃度のグループが、低い方から高い方に順に上がるごとに、出生体重は平均で約一六グラムずつ減少した。このようにみると、一人ひとりへの影響（この場合は出生体重）は、とても小さい。臨床的には無視できる。しかしながら、低出生体重（特に二五〇〇グラム未満）はＩＱの低下にもつながっており、[4]先ほどと同じ問題に帰結する（もちろん低出生体重は、ＩＱの低下だけでなく、様々な健康状態に影響する）。エコチル調査の詳細やその成果については、環境省のサイトを参照いただきたい（https://www.env.go.jp/chemi/ceh/）。

さらに、次の研究結果を見てほしい。国立成育医療研究センターの研究で、一九六九～二〇一四年に生まれた子どもの成人後の身長を調べたところ、一九八〇年以後に生まれた成人の平均身長は年々低下していることがわかった。[5]その原因の一つとして、低出生体重児増加の可能性があることが考察されている。日本では、明治時代以降、栄養・衛生状態の改善により、平均身長は一〇〇年間で約一五センチ伸び、最近は伸び止まっていると思われていた。近年では逆に、日本人の平均身長が低下していることを示した、大変インパクトのある結果だ。私は、カナダで開かれた学会で、友人で前・米国環境保健科学研究所所長のリンダ・バーンバウムから、この研究が紹介された米国科学雑誌『サイエンス』の二〇一八年の記事を「これはショウジに会ったらみせなきゃと思って」と手渡され、衝撃を受けたことを覚えている（記事は、今も私の研究室に掲示している）。しかも、この研究の結果から、今後も平均身長は低下することが予想されている。研究グループは、二〇一四年に生まれた日本人は一九八〇年に生まれた人と比べて、男性では一・五センチ、女性では〇・六センチ身長が低くなると予想している。「なんだ、一・五センチなんてたいしたことない」と思うかもしれないが、これはあくまでも平均であり、気候変動と同じで、もっと低くなっている人もいるのである。国民の平均身長が低くなると、社会インフラ（例えば、電車の吊り革やマンションのキッチンの高さなど）の変更が必要になる。一人ひとりの影響は小さくても、社会全体としては大きな違いになることの別の例だ。

レイチェル・カーソンによる『沈黙の春』の出版から約六〇年、シーア・コルボーン、ジョン・ピーターソン・マイヤーズ、ダイアン・ダマノスキによる『奪われし未来』の出版から四半世紀、私たちは今その「奪われた」未来に生きている。未来を奪われた私たちは、未来を託すべき子どもたちに、どんな未来を残せるのか。

世界は今やニューノーマルの時代になった。レオや私が子どもだった一九七〇年代と比べて、現代の子どもたちの育つ環境は、著しく変化した。私が子どもの頃は、コンピュータを持っている子は町に数人だったろう。田舎育ちだからかもしれないが、学年の違う子どもたちが一緒に、外で暗くなるまで遊んでいた。日焼け止めや虫除けを塗ったことはなかった。夕飯までに帰って来れば、どこで遊んでいようと気にされなかった（むしろ、家の中にいると「外で遊べ！」と追い出された）。一九八八年に公開されたスタジオジブリの映画『となりのトトロ』は、昭和三〇年代前半（一九五〇年代）の日本を舞台にしており、公開当時から三〇年ほど前の話として描かれている。テレビがなく、電話も壁掛け、両親の子どもも時代ってこんな感じだったのかと、当時びっくりしたものだが、それを思うと、私の育った一九七〇年代すら今からほぼ半世紀前である！　今の子どもたちに、その時代を想像せよと言ってもむずかしいだろう。いまや子どもたちは、たくさんの工業化学物質に囲まれて育っている（私たち自身も含め、自然はすべて化学物質でできている。「工業」とつけたのは、それと区別するため）。本書の冒頭でレオが一九六二年と二〇一九年のニューヨークを比べているように、日本でも、身の回りのものはほとんどプラスチックでできていて、最近は遊び場には、米国同様、廃タイヤのチップが敷かれている。医薬品も化学物質であり、感染症の激減に貢献したし、プラスチックのおかげで、衛生状態は劇的に改善した。ところがレオが言うように、私たちの生活を便利にしてきた化学物質が、実は、私たちの未来をむしばんでいるのである。

私は、化学工業界や製品メーカーの方と話をする機会もある。彼らの誰ひとりとして、誰かを傷つけたいと思っているわけではない。一九七三年に制定された化審法（化学物質の審査及び製造等の規制に関する法律）は、米国の同様の有害物質規制法（ＴＳＣＡ）よりも古い（一九七六年制定）。化学物質は安全性が証明されないと、使用できない仕組みになっている。にもかかわらず、なぜ本書にあるような、私たちの未来に関わる影響を、身の回りの化学物質が示すのか。それは、化審法にせよＴＳＣＡにせよ、法律で管理できる化学物質の安全性には限りがあるからだ。法律的には、一定の試験に合格すれば安全と見なされる。また、ＡとＢとを一緒に使った場合にどうなるかは、考慮されない（普通私たちは、ＡとＢどころではなく、何千、何万という化学物質に同時にさらされている）。それに、脳や内分泌、生殖機能への影響は、長期間、しかも人を観察してみないとわからないものが多い。一つの製品を登録するのに何十年もの試験をするのは現実的でない。現状では、この分野の研究はすべて、後追いになっているのだ。

こうなると、光が見えないかもしれない。世界はますます混乱し、人類は新型ウイルスのパンデミックにより未曽有の危機におちいった。人類の知能や生殖能力、ここでは紹介しなかったが免疫機能も、化学物質によってむしばまれている。わたしたちの健康に影響するのは、化学物質だけではない。本書第8章で簡単に触れられているが、あらゆる環境曝露（ゲノムに対応して、エクスポゾームとよばれる）が、健康に関係している。スマートフォンやタブレット等の急速な普及も、子どもたちの健康に関連している。ＧＩＧＡスクール構想なども、人という生物にとっては、あまりにも急激な変化であり、本当に子どもたちにとって良いことなのか、十分に検証されていない。先にも述べたが、一九七〇年代以降、世界的にＩＱは低下している（ＩＱは生後あまり変化しないと考えられている）。社会や環境が急激に変化しているが、それが本当に人類の未来にとって良いことかを検証する時間も資源もない。そのような社会の仕組みにはなっていないのだ。

しかし、レオはむしろ楽観的だ。我が友は、研究者に向けられがちな批判、「研究者は、研究に専念せよ」を恐れず、本書を上梓した。レオは言う。「私たち一人ひとりが、力をふるうべき」と。そのためには、正しく知る必要がある。本書を、今、日本に紹介できることは、大変良いタイミングだと思う。レオはこうも言う。「君たちは人類の未来にとって一番の希望だ」これは、ケネディ大統領の言葉であり、私も若い世代に期待している。

ＥＵでは、ゼロポリューション・アクションプランを二〇二一年に発表した。私は、「私たち一人ひとりが、選択する社会」に加えて、さらに、社会自体が変わることを提案したい。これがイノベーションである。私たちがスマートフォンを使うことを選択したということよりも、そういう社会に変わったと考えていい。ハイブリッド車やＥＶもそうである。ならば、五〇年土に埋めたら分解されて土に戻る車を作ればいい。代替エネルギーのソーラーパネルも、ハイブリッド車・ＥＶに使われるバッテリーも、すべて土に戻るもので作ればいい。巨人の肩に乗った若い世代には、新しい未来を作ることが可能と信じている。

私たちの世代より、若い世代の方が、知能や生殖細胞の質が低下しているかもしれない。

さらにその子どもたちは、生まれてくる前にすでに、未来を奪われているかもしれない。そのようなことを、あなた方は許せるだろうか。本書が、皆さんが行動を起こすきっかけになってくれることを願う。

諸君よ更にあらたな正しい時代をつくれ（宮沢賢治）

参考文献

1. Suzuki K, Shinohara R, Sato M, et al. Association between maternal smoking during pregnancy and birth weight: an appropriately adjusted model from the Japan Environment and Children's Study. *Journal of Epidemiology*. 2016;26(7):371-377.
2. Goto Y, Mandai M, Nakayama T, et al. Association of prenatal maternal blood lead levels with birth outcomes in the Japan Environment and Children's Study(JECS): a nationwide birth cohort study. *International Journal of Epidemiology*. 2020;50(1):156-164.
3. Inadera H, Takamori A, Matsumura K, et al. Association of blood cadmium levels in pregnant women with infant birth size and small for gestational age infants: The Japan Environment and Children's study.

Environmental Research. 2020;191:110007.

4. Upadhyay RP, Naik G, Choudhary TS, et al. Cognitive and motor outcomes in children born low birth weight: a systematic review and meta-analysis of studies from South Asia. *BMC Pediatrics*. 2019;19(1):35.
5. Morisaki N, Urayama KY, Yoshii K, et al. Ecological analysis of secular trends in low birth weight births and adult height in Japan. Journal of Epidemiology and Community Health. 2017;71(10):1014-1018.

style/food-and-drink/what-is-natural-food-anyway-1.3154859（アクセス日：2018年6月12日）。

381. Center for Food Safety and Applied Nutrition（FDA）. Labeling & nutrition.
382. USDA. Meat and poultry labeling terms. 2018; https://www.fsis.usda.gov/wps/portal/fsis/topics/food-safety-education/get-answers/food-safety-fact-sheets/food-labeling/meat-and-poultry-labeling-terms/meat-and-poultry-labeling-terms.
383. USDA. Questions and answers. USDA shell egg grading service. Agricultural Marketing Service. 10/15; https://www.ams.usda.gov/publications/qa-shell-eggs.
384. FDA. Everything added to food in the United States（EAFUS）. 2018; https://www.accessdata.fda.gov/scripts/fcn/fcnNavigation.cfm?rpt = eafusListing.
385. Kraft Heinz Company. Kraft Heinz は環境への取り組みを、サステナブルな包装や炭素削減にまで拡張している。https://news.kraftheinzcompany.com/press-release/corporate/kreft-heinz-expands-environmental-commitments-include-sustainable-packaging-（アクセス日：2018年9月29日）
386. Schenk M, Popp SM, Neale AV, et al. Environmental medicine content in medical school curricula. *Academic Medicine*. 1996;71（5）:499-501.
387. Roberts JR, Gitterman BA. Pediatric environmental health education: A survey of US pediatric residency programs. *Ambulatory Pediatrics*. 2003;3（1）:57-59.
388. Bergman Å, Heindel JJ, Jobling S, Kidd KA, Zoeller RT, eds.
389. WHO. NCDs | Web-based consultation（May 10-16, 2018）. http://www.who.int/ncds/governance/high-level-commission/web-based-consultation-may2018/en/（アクセス日：2018年6月12日）。
390. Waters E, de Silva-Sanigorski A, Hall BJ, et al. Interventions for preventing obesity in children. *Cochrane Database of Systematic Reviews*. 2011（12）:Cd001871.
391. Wild CP. Complementing the genome with an "exposome": The outstanding challenge of environmental exposure measurement in molecular epidemiology. *Cancer Epidemiology, Biomarkers & Prevention*. 2005;14（8）:1847-1850.

グは、こうした不確かなコストがありそうないくつもの独立したシナリオを説明する際に広く使われている方法である。

366. Attina TM, Hauser R, Sathyanarayana S, et al.

367. Eliperin J, Dennis B. White House eyes plan to cut EPA staff by one-fifth, eliminating key programs. 2017; https://www.washingtonpost.com/news/energy-environment/wp/2017/03/01/white-house-proposes-cutting-epa-staff-by-one-fifth-eliminating-key-programs/（アクセス日：2017年6月29日）。

368. Forman J, Silverstein J. Organic foods: Health and environmental advantages and disadvantages. *Pediatrics*. 2012;130(5):e1406-1415.

369. Zota AR, Calafat AM, Woodruff TJ. Temporal trends in phthalate exposures: Findings from the National Health and Nutrition Examination Survey, 2001-2010. *Environmental Health Perspectives*. 2014;122(3):235-241.

370. Centers for Disease Control and Prevention. National report on human exposure to environmental chemicals. https://www.cdc.gov/exposurereport/.

371. Zota AR, Phillips CA, Mitro SD. Recent fast food consumption and bisphenol A and phthalates exposures among the U.S. population in NHANES, 2003-2010. *Environmental Health Perspectives*. 2016;124(10):1521-1528.

372. Serrano SE, Braun J, Trasande L, et al.

373. Public Health Institute. Green cleaning in schools: A guide for advocates. http://www.phi.org/uploads/application/files/khcqbtgu01fuyi5w1owortxqfpnrwrsode32y7sbqs0cfb0uy0.pdf.

374. NRDC Greening Advisor. Safer chemicals: Pesticides & fertilizers. 2018; http://nba.greensports.org/safer-chemicals/pesticides-fertilizers/.

375. Badenhausen K. NBA team values 2018: Every club now worth at least $1 billion. *Forbes*. 2018; https://www.forbes.com/sites/kurtbadenhausen/2018/02/07/nba-team-values-2018-everyclub-now-worth-at-least-1-billion/#5e8a76957155.

376. @ceh4health. Major producers eliminating flame retardant chemicals as major buyers are demanding flame retardant-free furniture — Center for Environmental Health. 2018.

377. Wadhwa V. The big lesson from Amazon and Whole Foods: Disruptive competition comes out of nowhere. *MarketWatch*. https://www.marketwatch.com/story/the-big-lesson-from-amazon-and-whole-foods-disruptive-competition-comes-out-of-nowhere-2017-06-19.

378. Painter KL. Americans are eating more organic food than ever, survey finds. Minneapolis Star Tribune. 2018; http://www.startribune.com/americans-are-eating-more-organic-food-than-ever-survey-finds/424061513/

379. Center for Food Safety and Applied Nutrition (FDA). Labeling & nutrition. https://www.fda.gov/Food/GuidanceRegulation/GuidanceDocumentsRegulatoryInformation/LabelingNutrition/ucm456090.htm（アクセス日：2018年6月12日）。

380. Ball J. What is 'natural' food anyway? *Irish Times*. 2018; https://www.irishtimes.com/life-and-

344. Agriculture Marketing Service, US Department of Agriculture. National Bioengineered Food Disclosure Standard. https://www.federalregister.gov/documents/2018/05/04/2018-09389/national-bioengineered-food-disclosure-standardで見られる（アクセス日：2018年8月12日）。
345. Rudel RA, Gray JM, Engel CL, et al.
346. Environmental Working Group. Skin Deep Cosmetics Database 2018; https://www.ewg.org/skindeep/#.WtzE_dTwa6I.
347. Harley KG, Kogut K, Madrigal DS, et al.
348. Morgan MK, Jones PA, Calafat AM, et al.
349. Rudel RA, Gray JM, Engel CL, et al.
350. Carwile JL, Ye X, Zhou X, et al. Canned soup consumption and urinary bisphenol A: A randomized crossover trial. *JAMA*. 2011;306(20):2218-2220.
351. Schecter A, Malik N, Haffner D, et al.
352. Trasande L. Further limiting bisphenol A in food uses could provide health and economic benefits.
353. Kuruto-Niwa R, Nozawa R, Miyakoshi T, et al.
354. Chen MY, Ike M, Fujita M.
355. Yoshihara Si, Mizutare T, Makishima M, et al.
356. Okuda K, Fukuuchi T, Takiguchi M, et al.
357. Audebert M, Dolo L, Perdu E, et al.
358. Danzl E, Sei K, Soda S, et al.
359. Ike M, Chen MY, Danzl E, et al.
360. WHO. Sustaining the elimination of iodine deficiency disorders (IDD). 2007; http://www.who.int/nmh/iodine/en/.
361. Rogan WJ, Paulson JA, Baum C, et al. Iodine deficiency, pollutant chemicals, and the thyroid: New information on an old problem. *Pediatrics*. 2014;133(6):1163-1166.
362. Sathyanarayana S, Alcedo G, Saelens BE, et al. Unexpected results in a randomized dietary trial to reduce phthalate and bisphenol A exposures. *Journal of Exposure Science & Environmental Epidemiology*. 2013;23(4):378-384.
363. Galloway TS, Baglin N, Lee BP, et al. An engaged research study to assess the effect of a 'real-world' dietary intervention on urinary bisphenol A (BPA) levels in teenagers. *BMJ Open*. 2018;8(2):e018742.
364. Hodson R. Precision medicine. *Nature*. 2016;537(7619):S49.

8 あなたの声が重要——好循環に加わるには

365. 詳しく知りたければ、原注73〜78の文献を参照されたい。査読のある雑誌に掲載された論文にはさらに詳しい情報が記されているが、モンテカルロ法によるモデリン

328. American Cancer Society. Economic impact of cancer. 2018; https://www.cancer.org/cancer/cancer-basics/economic-impact-of-cancer.html.

329. Birrer N, Chinchilla C, Del Carmen M, et al. Is hormone replacement therapy safe in women with a BRCA mutation?: A systematic review of the contemporary literature. *American Journal of Clinical Oncology*. 2018;41(3):313-315.

330. McNeil M. Menopausal hormone therapy: Understanding long-term risks and benefits. *JAMA*. 2017;318(10):911-913.

331. Grossman DC, Curry SJ, Owens DK, et al. Hormone therapy for the primary prevention of chronic conditions in postmenopausal women: US Preventive Services Task Force Recommendation Statement. *JAMA*. 2017;318(22):2224-2233.

332. Kauff ND, Satagopan JM, Robson ME, et al. Risk-reducing salpingo-oophorectomy in women with a BRCA1 or BRCA2 mutation. *New England Journal of Medicine*. 2002;346(21):1609-1615.

333. Cohn BA, Wolff MS, Cirillo PM, et al. DDT and breast cancer in young women: New data on the significance of age at exposure. *Environmental Health Perspectives*. 2007;115(10):1406-1414.

334. USEPA. Pesticides Industry Sales and Usage. 2008-12 Market Estimates. https://www.epa.gov/sites/production/files/2017-01/documents/pesticides-industry-sales-usage-2016_0.pdf.

335. タイロン・ヘイズとペネロピ・ジャゲッサー・チャファーが、2010年のTedWomen講演で、その科学的な説明を徹底的かつ明快におこなっている。 https://www.ted.com/talks/tyrone_hayes_penelope_jagessar_chaffer_the_toxic_baby.

336. Ibarluzea J, Fernández M, Santa-Marina L, et al. Breast cancer risk and the combined effect of environmental estrogens. *Cancer Causes Control*. 2004;15(6):591-600.

337. Pastor-Barriuso R, Fernandez MF, Castano-Vinyals G, et al. Total effective xenoestrogen burden in serum samples and risk for breast cancer in a population-based multicase-control study in Spain. *Environmental Health Perspectives*. 2016;124(10):1575-1582.

338. Trasande L, Massey RI, DiGangi J, et al. How developing nations can protect children from hazardous chemical exposures while sustaining economic growth. *Health Affairs*. 2011;30(12):2400-2409.

7 未来を守るためにできること

339. Whyatt RM, Rauh V, Barr DB, et al.

340. Lu C, Toepel K, Irish R, et al.

341. Bradman A, Quiros-Alcala L, Castorina R, et al.

342. Environmental Working Group. EWG's 2018 Shopper's Guide to Pesticides in Produce. 2018; https://www.ewg.org/food news/.

343. Bradman A, Quiros-Alcala L, Castorina R, et al.

Endocrinology. 2014;155(3):897-907.

314. Kassotis CD, Klemp KC, Vu DC, et al. Endocrine-disrupting activity of hydraulic fracturing chemicals and adverse health outcomes after prenatal exposure in male mice. *Endocrinology*. 2015;156(12):4458-4473.
315. Kassotis CD, Bromfield JJ, Klemp KC, et al. Adverse reproductive and developmental health outcomes following prenatal exposure to a hydraulic fracturing chemical mixture in female C57Bl/6 mice. *Endocrinology*. 2016;157(9):3469-3481.
316. Balise VD, Meng CX, Cornelius-Green JN, et al. Systematic review of the association between oil and natural gas extraction processes and human reproduction. *Fertility and Sterility*. 2016;106(4):795-819.
317. Casey JA, Savitz DA, Rasmussen SG, et al. Unconventional natural gas development and birth outcomes in Pennsylvania, USA. *Epidemiology*. 2016;27(2):163-172.
318. McKenzie LM, Guo R, Witter RZ, et al. Birth outcomes and maternal residential proximity to natural gas development in rural Colorado. *Environmental Health Perspectives*. 2014;122(4): 412-417.
319. Currie J, Greenstone M, Meckel K. Hydraulic fracturing and infant health: New evidence from Pennsylvania. *Science Advances*. 2017;3(12):e1603021.
320. Bouwman H, van den Berg H, Kylin H. DDT and malaria prevention: Addressing the paradox. *Environmental Health Perspectives*. 2011;119(6):744-747.
321. 被験者を募る方法が、決して最適とは言えない研究で得られた結果を説明できる偏りをもたらした可能性もあった。いくつかの研究は子宮内膜症を自己申告に頼っており、それは大問題になりかねない。子宮内膜症の絶対的な判断基準は、外科的に確かめるというものだからだ。とくに結果がイエスかノーのどちらかになる場合、曝露の測定が不正確であると、統計的に重要な影響を見出す可能性が減るおそれがある。
322. Buck Louis GM, Peterson CM, Chen Z, et al. Bisphenol A and phthalates and endometriosis: The Endometriosis: Natural History, Diagnosis and Outcomes Study. *Fertility and Sterility*. 2013;100(1):162-169.e161-162.
323. Liu J, Wang W, Zhu J, et al. Di(2-ethylhexyl)phthalate(DEHP)influences follicular development in mice between the weaning period and maturity by interfering with ovarian development factors and microRNAs. *Environmental Toxicology*. 2018;33(5):535-544.
324. Hunt PA, Sathyanarayana S, Fowler PA, Trasande L.
325. Attina TM, Hauser R, Sathyanarayana S, et al.
326. Swaen GMH, Otter R. Letter to the editor: Phthalates and endometriosis. *Journal of Clinical Endocrinology and Metabolism*. 2016;101(11):L108-L109.
327. Hunt PA, Sathyanarayana S, Fowler PA, et al. Response to the letter by G. M. H. Swaen and R. Otter. *Journal of Clinical Endocrinology and Metabolism*. 2016;101(11):L110-L111.

138.

301. Wolff MS, Pajak A, Pinney SM, et al. Associations of urinary phthalate and phenol biomarkers with menarche in a multiethnic cohort of young girls. *Reproductive Toxicology*. 2017;67:56-64.

302. Katz TA, Yang Q, Treviño LS, Walker CL, Al-Hendy A. Endocrine-disrupting chemicals and uterine fibroids. *Fertility and Sterility*. 2016 Sep 15; 106(4): 967-977.

303. Baird DD, Newbold R. Prenatal diethylstilbestrol(DES)exposure is associated with uterine leiomyoma development. *Reproductive Toxicology*. 2005 May-Jun; 20(1): 81-4.

304. Fowler PA, Childs AJ, Courant F, et al. In utero exposure to cigarette smoke dysregulates human fetal ovarian developmental signalling. *Human Reproduction(Oxford, England)*. 2014;29(7):1471-1489.

305. Peretz J, Vrooman L, Ricke WA, et al. Bisphenol A and reproductive health: Update of experimental and human evidence, 2007-2013. *Environmental Health Perspectives*. 2014;122(8):775-786.

306. パット・ハントとシーラ・サティアナラヤナは、EDCが女性の生殖機能に及ぼす影響を、とくに子宮筋腫と子宮内膜症に的を絞って調べる専門家のグループを率いていた。そのグループには、アバディーン大学の血気盛んなスコットランド人生物学者ポール・ファウラーや、環境要因と女性の健康に的を絞ったマサチューセッツ州のサイレント・スプリング・インスティテュートに拠点を置く疫学者ルーサン・ルーデル、カリフォルニアに拠点を置く疫学者バーバラ・コーンのほか、タフツ大学の発生生物学者アナ・ソトとフランス国立産業環境・リスク研究所の毒物学者フレデリック・ボアも加わった。

307. Fei X, Chung H, Taylor HS. Methoxychlor disrupts uterine Hoxa10 gene expression. *Endocrinology*. 2005;146(8):3445-3451.

308. Takayama S, Sieber SM, Dalgard DW, et al. Effects of long-term oral administration of DDT on nonhuman primates. *Journal of Cancer Research and Clinical Oncology*. 1999;125(3-4):219-225.

309. Bredhult C, Backlin BM, Bignert A, et al. Study of the relation between the incidence of uterine leiomyomas and the concentrations of PCB and DDT in Baltic gray seals. *Reproductive Toxicology (Elmsford, NY)*. 2008;25(2):247-255.

310. Hunt PA, Sathyanarayana S, Fowler PA, Trasande L.

311. Trabert B, Chen Z, Kannan K, et al. Persistent organic pollutants (POPs) and fibroids: Results from the ENDO study. *Journal of Exposure Science & Environmental Epidemiology*. 2015;25(3):278-285.

312. Hunt PA, Sathyanarayana S, Fowler PA, Trasande L.

313. Kassotis CD, Tillitt DE, Davis JW, et al. Estrogen and androgen receptor activities of hydraulic fracturing chemicals and surface and ground water in a drilling-dense region.

284. Bergman A, Heindel JJ, Jobling S, et al.
285. Gore AC, Chappell VA, Fenton SE, et al.

6 女児や女性に有害な化学物質

286. Buck Louis G, Cooney MA, Peterson CM. Ovarian dysgenesis syndrome. *Journal of Developmental Origins of Health and Disease*. 2011;2(01):25-35.
287. Buck Louis G, Cooney M. Effects of environmental contaminants on ovarian function and fertility. In González-Bulnes A, ed. *Novel concepts in ovarian endocrinology*. Kerala, India: Transworld Research Network, 2007.
288. Gravholt CH, Andersen NH, Conway GS, et al. Clinical practice guidelines for the care of girls and women with Turner syndrome: Proceedings from the 2016 Cincinnati International Turner Syndrome Meeting. *European Journal of Endocrinology*. 2017;177(3):G1-G70.
289. Buck Louis G, Cooney M. Ovarian dysgenesis syndrome. *Journal of Developmental Origins of Health and Disease*. 2011;2(01):25-35.
290. Rogers PA, Adamson GD, Al-Jefout M, et al. Research priorities for endometriosis. *Reproductive Sciences*. 2017;24(2):202-226.
291. Adamson GD, Kennedy S, Hummelshoj L. Creating solutions in endometriosis: Global collaboration through the World Endometriosis Research Foundation. *Journal of Endometriosis and Pelvic Pain Disorders*. 2018;2(1):3-6.
292. Hunt PA, Sathyanarayana S, Fowler PA, Trasande L.
293. Kawwass JF, Monsour M, Crawford S, et al. Trends and outcomes for donor oocyte cycles in the United States, 2000-2010. *JAMA*. 2013;310(22):2426-2434.
294. Davies C, Godwin J, Gray R, et al. Relevance of breast cancer hormone receptors and other factors to the efficacy of adjuvant tamoxifen: Patient-level meta-analysis of randomised trials. *Lancet*. 2011;378(9793):771-784.
295. Gamble J. Puberty: Early starters. *Nature*. 2017;550(7674):S10-S11.
296. Bellis MA, Downing J, Ashton JR. Adults at 12? Trends in puberty and their public health consequences. *Journal of Epidemiology and Community Health*. 2006;60(11):910-911.
297. Marshall WA, Tanner JM. Variations in pattern of pubertal changes in boys. *Archives of Disease in Childhood*. 1970;45(239):13-23.
298. Marshall WA, Tanner JM. Variations in pattern of pubertal changes in girls. *Archives of Disease in Childhood*. 1969 Jun; 44(235):291-303.
299. Herman-Giddens ME, Slora EJ, Wasserman RC, et al. Secondary sexual characteristics and menses in young girls seen in office practice: A study from the Pediatric Research in Office Settings network. *Pediatrics*. 1997;99(4):505-512.
300. Harley KG, Rauch SA, Chevrier J, et al. Association of prenatal and childhood PBDE exposure with timing of puberty in boys and girls. *Environment International*. 2017;100:132-

269. Kristensen DM, Hass U, Lesne L, et al. Intrauterine exposure to mild analgesics is a risk factor for development of male reproductive disorders in human and rat. *Human Reproduction*. 2011;26(1):235-244.

270. Snijder CA, Kortenkamp A, Steegers EA, et al. Intrauterine exposure to mild analgesics during pregnancy and the occurrence of cryptorchidism and hypospadia in the offspring: The generation R study. *Human Reproduction*. 2012;27(4):1191-1201.

271. Kristensen DM, Mazaud-Guittot S, Gaudriault P, et al. Analgesic use — prevalence, biomonitoring and endocrine and reproductive effects. *Nature Reviews Endocrinology*. 2016;12(7):381-393.

272. Nigg JT, Lewis K, Edinger T, et al. Meta-analysis of attention-deficit/hyperactivity disorder or attention-deficit/hyperactivity disorder symptoms, restriction diet, and synthetic food color additives. *Journal of the American Academy of Child and Adolescent Psychiatry*. 2012;51(1):86-97.e88.

273. Kristensen DM, Desdoits-Lethimonier C, Mackey AL, et al. Ibuprofen alters human testicular physiology to produce a state of compensated hypogonadism. *Proceedings of the National Academy of Sciences of the United States of America*. 2018;115(4):e715-e724.

274. Barbuscia A, Mills MC. Cognitive development in children up to age 11 years born after ART — A longitudinal cohort study. *Human Reproduction*. 2017;32(7):1482-1488.

275. Guo XY, Liu XM, Jin L, et al. Cardiovascular and metabolic profiles of offspring conceived by assisted reproductive technologies: A systematic review and meta-analysis. *Fertility and Sterility*. 2017;107(3):622-631.e625.

276. Ferguson KK, McElrath TF, Meeker JD. Environmental phthalate exposure and preterm birth. *JAMA Pediatrics*. 2014;168(1):61-67.

277. Meeker JD, Ferguson KK.

278. Feldman HA, Goldstein I, Hatzichristou DG, et al. Impotence and its medical and psychosocial correlates: Results of the Massachusetts Male Aging Study. *Journal of Urology*. 1994;151(1):54-61.

279. Espir ML, Hall JW, Shirreffs JG, et al. Impotence in farm workers using toxic chemicals. *BMJ*. 1970;1(5693):423-425.

280. Polsky JY, Aronson KJ, Heaton JP, et al. Pesticides and polychlorinated biphenyls as potential risk factors for erectile dysfunction. *Journal of Andrology*. 2007;28(1):28-37.

281. Li D, Zhou Z, Qing D, et al. Occupational exposure to bisphenol-A (BPA) and the risk of self-reported male sexual dysfunction. *Human Reproduction*. 2010;25(2):519-527.

282. Li DK, Zhou Z, Miao M, et al. Relationship between urine bisphenol-A level and declining male sexual function. *Journal of Andrology*. 2010;31(5):500-506.

283. Igharo OG, Anetor JI, Osibanjo O, et al. Endocrine disrupting metals lead to alteration in the gonadal hormone levels in Nigerian e-waste workers. *Universa Medicina*. 2018;37(1).

(6):682.

255. Joensen UN, Frederiksen H, Jensen MB, et al. Phthalate excretion pattern and testicular function: A study of 881 healthy Danish men. *Environmental Health Perspectives*. 2012;120(10):1397-1403.
256. Jonsson BA, Richthoff J, Rylander L, et al. Urinary phthalate metabolites and biomarkers of reproductive function in young men. *Epidemiology*. 2005;16(4):487-493.
257. Ramezani Tehrani F, Noroozzadeh M, Zahediasl S, et al. The time of prenatal androgen exposure affects development of polycystic ovary syndrome-like phenotype in adulthood in female rats. *International Journal of Endocrinology and Metabolism*. 2014;12(2):e16502.
258. Abbott DH, Barnett DK, Bruns CM, et al. Androgen excess fetal programming of female reproduction: A developmental aetiology for polycystic ovary syndrome? *Human Reproduction Update*. 2018;11(4):357-374.
259. Wu Y, Zhong G, Chen S, et al. Polycystic ovary syndrome is associated with anogenital distance, a marker of prenatal androgen exposure. *Human Reproduction*. 2017;32(4):937-943.
260. Hotchkiss AK, Lambright CS, Ostby JS, et al. Prenatal testosterone exposure permanently masculinizes anogenital distance, nipple development, and reproductive tract morphology in female Sprague-Dawley rats. *Toxicology and Science*. 2007;96(2):335-345.
261. Mendiola J, Stahlhut RW, Jørgensen N, et al. Shorter anogenital distance predicts poorer semen quality in young men in Rochester, New York. *Environmental Health Perspectives*. 2011;119(7):958-963.
262. Fisher JS, Macpherson S, Marchetti N, et al. Human 'testicular dysgenesis syndrome': A possible model using in-utero exposure of the rat to dibutyl phthalate. *Human Reproduction*. 2003;18(7):1383-1394.
263. Li N, Chen X, Zhou X, et al. The mechanism underlying dibutyl phthalate induced shortened anogenital distance and hypospadias in rats. *Journal of Pediatric Surgery*. 2015;50(12):2078-2083.
264. Martino-Andrade AJ, Liu F, Sathyanarayana S, et al. Timing of prenatal phthalate exposure in relation to genital endpoints in male newborns. *Andrology*. 2016;4(4):585-593.
265. Bornehag CG, Carlstedt F, Jonsson BA, et al. Prenatal phthalate exposures and anogenital distance in Swedish boys. *Environmental Health Perspectives*. 2015;123(1):101-107.
266. Buck Louis GM, Sundaram R, Sweeney AM, et al. Urinary bisphenol A, phthalates, and couple fecundity: The Longitudinal Investigation of Fertility and the Environment (LIFE) Study. *Fertility and Sterility*. 2014;101(5):1359-1366.
267. Attina TM, Hauser R, Sathyanarayana S, et al.
268. Konkel L. Reproductive headache? Investigating acetaminophen as a potential endocrine disruptor. *Environmental Health Perspectives*. 2018;126(3):032001.

Reproduction Update. 2008;14(1):49-58.

240. Hauser R, Skakkebæk NE, Hass U, et al.

241. Goodyer CG, Poon S, Aleksa K, Hou L, Aterhortua V, et al. A case-control study of maternal polybrominated diphenyl ether(PBDE)exposure and cryptorchidism in Canadian populations. *Environmental Health Perspectives*. 2017 May; 125(5): 057004.

242. Poon S, Koren G, Carnevale A, Aleksa K, Ling J, et al. Association of in utero exposure to polybrominated diphenyl ethers with the risk of hypospadias. *JAMA Pediatrics*. 2018;172(9):851-856.

243. Whorton MD. Male occupational reproductive hazards. *Western Journal of Medicine*. 1982;137(6):521-524.

244. Chan SL. Male infertility: Diagnosis and treatment. *Canadian Family Physician*. 1988;34:1735-1738.

245. Products — Vital Statistics Rapid Release — Natality Quarterly Provisional Estimates. 2018; https://www.cdc.gov/nchs/nvss/vsrr/natality-dashboard.htm.

246. Bichell RE. Average age of first-time moms keeps climbing in the U.S. NPR. 2018; https://www.npr.org/sections/healthshots/2016/01/14/462816458/average-age-of-first-time-moms-keeps-climbing-in-the-u-s.

247. Chandra A, Copen CE, Stephen EH. Infertility and impaired fecundity in the United States, 1982-2010: Data from the National Survey of Family Growth. *National Health Statistics Report*. 2013(67):1-18, 1 p following 19.

248. Slama R, Hansen OK, Ducot B, et al. Estimation of the frequency of involuntary infertility on a nation-wide basis. *Human Reproduction*. 2012;27(5):1489-1498.

249. Sunderam S, Kissin DM, Crawford SB, et al. Assisted reproductive technology surveillance — United States, 2014. *Morbidity and Mortality Weekly Report Surveillance Summaries*. 2017;66(6):1-24.

250. Schwartz A. People aren't having babies in Denmark so they made this hilariously provocative ad. *Business Insider*. October 2, 2015; http://www.businessinsider.com/do-it-for-denmark-ad-campaign-to-encourage-pregnancy-2015-10.

251. Levine H, Jorgensen N, Martino-Andrade A, et al.

252. Jurewicz J, Radwan M, Sobala W, et al. Human urinary phthalate metabolites level and main semen parameters, sperm chromatin structure, sperm aneuploidy and reproductive hormones. *Reproductive Toxicology(Elmsford, NY)*. 2013;42:232-241.

253. Wirth JJ, Rossano MG, Potter R, et al. A pilot study associating urinary concentrations of phthalate metabolites and semen quality. *Systems Biology in Reproductive Medicine*. 2008;54(3):143-154.

254. Hauser R, Meeker JD, Duty S, et al. Altered semen quality in relation to urinary concentrations of phthalate monoester and oxidative metabolites. *Epidemiology*. 2006;17

Pediatrics. 1997;100(5):831-834.

224. Bergman A, Heindel JJ, Jobling S, et al.
225. Holmes L, Jr., Escalante C, Garrison O, et al. Testicular cancer incidence trends in the USA (1975-2004): Plateau or shifting racial paradigm? *Public Health*. 2008;122(9):862-872.
226. Wang Z, McGlynn KA, Meyts ER-D, et al. Meta-analysis of five genome-wide association studies identifies multiple new loci associated with testicular germ cell tumor. *Nature Genetics*. 2017;49(7):1141.
227. McGlynn KA, Trabert B. Adolescent and adult risk factors for testicular cancer. *Nature Reviews Urology*. 2012;9(6):339-349.
228. Bay K, Main KM, Toppari J, et al. Testicular descent: INSL3, testosterone, genes and the intrauterine milieu. *Nature Reviews Urology*. 2011;8(4):187-196.
229. Trasande L. Clinical awareness of occupation-related toxic exposure. *Virtual Mentor*. 2006;8:723-728. http://www.ama-assn.org/ama/pub/category/16932.html. で見られる。
230. McGlynn KA, Trabert B.
231. 同上。
232. McGlynn KA, Quraishi SM, Graubard BI, et al. Persistent organochlorine pesticides and risk of testicular germ cell tumors. *Journal of the National Cancer Institute*. 2008;100(9):663-671.
233. Purdue MP, Engel LS, Langseth H, et al. Prediagnostic serum concentrations of organochlorine compounds and risk of testicular germ cell tumors. *Environmental Health Perspectives*. 2009;117(10):1514-1519.
234. Hardell L, Bavel B, Lindstrom G, et al. In utero exposure to persistent organic pollutants in relation to testicular cancer risk. *International Journal of Andrology*. 2006;29(1):228-234.
235. Stoker TE, Cooper RL, Lambright CS, et al. In vivo and in vitro anti-androgenic effects of DE-71, a commercial polybrominated diphenyl ether (PBDE) mixture. *Toxicology and Applied Pharmacology*. 2005;207(1):78-88.
236. McGlynn KA, Trabert B.
237. Testicular Cancer — Cancer Stat Facts. 2018; https://seer.cancer.gov/statfacts/html/testis.html.
238. 私が外科のローテーションを終えた病院からボストンのシャタック通りを少し歩くと、ハーヴァードT・H・チャン公衆衛生大学院に着く。そこでは私の将来の同僚となるラス・ハウザーが公衆衛生の博士課程をちょうど終えたところだった。私はまず、EDCと男性生殖機能の健康をテーマに組織された専門家集団を通じて、ラスやニルスと知り合うことになる。そしてさらに、フィンランドの小児科医・科学者ヨルマ・トッパリ、ロンドンのブルネル大学に勤めるドイツの毒物学者アンドレアス・コルテンカンプ、デンマークの生殖毒物学者ウラ・ハス、およびニルスのふたりの同僚、アンダース・ユールとアンナ・マリア・アンダーソンが加わった。
239. Virtanen HE, Toppari J. Epidemiology and pathogenesis of cryptorchidism. *Human*

209. Sjogren P, Montse R, Lampa E, et al. Circulating levels of perfluoroalkyl substances are associated with dietary patterns — A cross sectional study in elderly Swedish men and women. *Environmental Research*. 2016;150:59-65.

210. Dolinoy DC, Huang D, Jirtle RL. Maternal nutrient supplementation counteracts bisphenol A-induced DNA hypomethylation in early development. *Proceedings of the National Academy of Sciences of the United States of America*. 2007;104(32):13056-13061.

211. Doerr A. Global metabolomics. *Nature Methods*. 2016;14(1):32.

212. Trasande L. Further limiting bisphenol A in food uses could provide health and economic benefits.

213. Kuruto-Niwa R, Nozawa R, Miyakoshi T, et al. Estrogenic activity of alkylphenols, bisphenol S, and their chlorinated derivatives using a GFP expression system. *Environmental Toxicology and Pharmacology*. 2005;19(1):121-130.

214. Chen MY, Ike M, Fujita M. Acute toxicity, mutagenicity, and estrogenicity of bisphenol-A and other bisphenols. *Environmental Toxicology*. 2002;17(1):80-86.

215. Yoshihara Si, Mizutare T, Makishima M, et al. Potent estrogenic metabolites of bisphenol A and bisphenol B formed by rat liver S9 fraction: Their structures and estrogenic potency. *Toxicological Sciences*. 2004;78(1):50-59.

216. Okuda K, Fukuuchi T, Takiguchi M, et al. Novel pathway of metabolic activation of bisphenol A-related compounds for estrogenic activity. *Drug Metabolism and Disposition*. 2011;39(9):1696-1703.

217. Audebert M, Dolo L, Perdu E, et al. Use of the γH2AX assay for assessing the genotoxicity of bisphenol A and bisphenol F in human cell lines. *Archives of Toxicology*. 2011;85(11):1463-1473.

218. Danzl E, Sei K, Soda S, et al. Biodegradation of bisphenol A, bisphenol F and bisphenol S in seawater. *International Journal of Environmental Research and Public Health*. 2009;6(4):1472-1484.

219. Ike M, Chen MY, Danzl E, et al. Biodegradation of a variety of bisphenols under aerobic and anaerobic conditions. *Water Science and Technology*. 2006;53(6):153-159.

5 男性生殖機能への障害

220. Carlsen E, Giwercman A, Keiding N, Skakkebæk NE.

221. Skakkebæk NE, Rajpert-De Meyts E, Main KM. Testicular dysgenesis syndrome: An increasingly common developmental disorder with environmental aspects. *Human Reproduction*. 2001;16(5):972-978.

222. Bergman A, Heindel JJ, Jobling S, et al. State of the science of endocrine disrupting chemicals 2012. United Nations Environment Programme and World Health Organization; 2013.

223. Paulozzi LJ, Erickson JD, Jackson RJ. Hypospadias trends in two US surveillance systems.

193. Wassenaar PNH, Trasande L, Legler J. Systematic review and meta-analysis of early-life exposure to bisphenol A and obesityrelated outcomes in rodents. *Environmental Health Perspectives*. 2017;125(10):106001.

194. Hoepner LA, Whyatt RM, Widen EM, et al. Bisphenol A and adiposity in an inner-city birth cohort. *Environmental Health Perspectives*. 2016;124(10):1644-1650.

195. Valvi D, Casas M, Mendez MA, et al. Prenatal bisphenol A urine concentrations and early rapid growth and overweight risk in the offspring. *Epidemiology*. 2013;24(6):791-799.

196. Harley KG, Aguilar Schall R, Chevrier J, et al. Prenatal and postnatal bisphenol A exposure and body mass index in childhood in the CHAMACOS cohort. *Environmental Health Perspectives*. 2013;121(4):514-520.

197. Braun JM, Lanphear BP, Calafat AM, et al. Early-life bisphenol A exposure and child body mass index: A prospective cohort study. *Environmental Health Perspectives*. 2014;122(11):1239-1245.

198. Stahlhut RW, Welshons WV, Swan SH. Bisphenol A data in NHANES suggest longer than expected half-life, substantial nonfood exposure, or both. *Environmental Health Perspectives*. 2009;117(5):784-789.

199. Snijder CA, Heederik D, Pierik FH, et al. Fetal growth and prenatal exposure to bisphenol A: The generation R study. *Environmental Health Perspectives*. 2013;121(3):393-398.

200. Hoepner LA, Whyatt RM, Widen EM, et al.

201. Melzer D, Rice NE, Lewis C, et al. Association of urinary bisphenol A concentration with heart disease: Evidence from NHANES 2003/06. *PLoS One*. 2010;5(1):e8673.

202. Melzer D, Gates P, Osborn NJ, et al. Urinary bisphenol A concentration and angiography-defined coronary artery stenosis. *PLoS One*. 2012;7(8):e43378.

203. Melzer D, Osborne NJ, Henley WE, et al. Urinary bisphenol A concentration and risk of future coronary artery disease in apparently healthy men and women. *Circulation*. 2012;125(12):1482-1490.

204. Trasande L. Further limiting bisphenol A in food uses could provide health and economic benefits. *Health Affairs(Millwood)*. 2014;33(2):316-323.

205. Harley KG, Kogut K, Madrigal DS, et al. Reducing phthalate, paraben, and phenol exposure from personal care products in adolescent girls: Findings from the HERMOSA Intervention Study. *Environmental Health Perspectives*. 2016;124(10):1600-1607.

206. Rudel RA, Gray JM, Engel CL, et al. Food packaging and bisphenol A and bis (2-ethyhexyl) phthalate exposure: Findings from a dietary intervention. *Environmental Health Perspectives*. 2011;119(7):914-920.

207. Serrano SE, Braun J, Trasande L, et al.

208. Ax E, Lampa E, Lind L, et al. Circulating levels of environmental contaminants are associated with dietary patterns in older adults. *Environment International*. 2015;75:93-102.

and metabolic risks or clusters of risks in 188 countries, 1990-2013: A systematic analysis for the Global Burden of Disease Study 2013. *Lancet*. 2015;386(10010):2287-2323.

179. Schultz TW, Sinks GD. Xenoestrogenic gene expression: Structural features of active polycyclic aromatic hydrocarbons. *Environmental Toxicology and Chemistry*. 2002;21(4):783-786.
180. Vinggaard AM, Hnida C, Larsen JC. Environmental polycyclic aromatic hydrocarbons affect androgen receptor activation in vitro. *Toxicology*. 2000;145(2-3):173-183.
181. Sun H, Shen O-X, Xu X-L, et al. Carbaryl, 1-naphthol and 2-naphthol inhibit the beta-1 thyroid hormone receptor-mediated transcription in vitro. *Toxicology*. 2008;249(2-3):238-242.
182. Kim JH, Yamaguchi K, Lee SH, et al. Evaluation of polycyclic aromatic hydrocarbons in the activation of early growth response-1 and peroxisome proliferator activated receptors. *Toxicological Sciences*. 2005;85(1):585-593.
183. Rundle A, Hoepner L, Hassoun A, et al. Association of childhood obesity with maternal exposure to ambient air polycyclic aromatic hydrocarbons during pregnancy. *American Journal of Epidemiology*. 2012;175(11):1163-1172.
184. Wolf K, Popp A, Schneider A, et al. Association between longterm exposure to air pollution and biomarkers related to insulin resistance, subclinical inflammation, and adipokines. *Diabetes*. 2016;65(11):3314-3326.
185. Rajagopalan S, Brook RD. Air pollution and type 2 diabetes: Mechanistic insights. *Diabetes*. 2012;61(12):3037-3045.
186. Hu FB, Satija A, Manson JE. Curbing the diabetes pandemic: The need for global policy solutions. *JAMA*. 2015;313(23):2319-2320.
187. Masuno H, Kidani T, Sekiya K, et al. Bisphenol A in combination with insulin can accelerate the conversion of 3T3-L1 fibroblasts to adipocytes. *Journal of Lipid Research*. 2002;43(5):676-684.
188. Sakurai K, Kawazuma M, Adachi T, et al. Bisphenol A affects glucose transport in mouse 3T3-F442A adipocytes. *British Journal of Pharmacology*. 2004;141(2):209-214.
189. Hugo ER, Brandebourg TD, Woo JG, et al. Bisphenol A at environmentally relevant doses inhibits adiponectin release from human adipose tissue explants and adipocytes. *Environmental Health Perspectives*. 2008;116(12):1642-1647.
190. Schecter A, Malik N, Haffner D, et al. Bisphenol A (BPA) in U.S. food. *Environmental Science & Technology*. 2010;44(24):9425-9430.
191. Morgan MK, Jones PA, Calafat AM, et al. Assessing the quantitative relationships between preschool children's exposures to bisphenol A by route and urinary biomonitoring. *Environmental Science & Technology*. 2011;45(12):5309-5316.
192. Schecter A, Malik N, Haffner D, et al.

医学大学院の疫学者で、水源を汚染する工場のそばに住むウェストヴァージニア州の大規模コミュニティーに見つかるPFOAなどの「長鎖」PFASの研究で知られていたが、やがてこのプロジェクトに興味をもつようになり、非常に慎重なアプローチの維持に手を貸してくれた。ベルギーの科学者エヴァ・ホファーツは、新たに加わったすばらしい人物で、問題となる曝露について使えるデータを取り出すのを助け、推定の根拠となる最良のデータを手に入れさせてくれた。二度目の会合の最後に「楽しい」運河ツアーをしたあと、私たちは共に働きたい、このまま続けたいと思ったが、それぞれの本業に戻らなければならなかった。私たちはこのプロジェクトで報酬を得てはいなかったからだ。

168. Philips EM, Jaddoe VWV, Trasande L. Effects of early exposure to phthalates and bisphenols on cardiometabolic outcomes in pregnancy and childhood. *Reproductive Toxicology*. 2017;68:105-118.

169. Song Y, Hauser R, Hu FB, et al. Urinary concentrations of bisphenol A and phthalate metabolites and weight change: A prospective investigation in US women. *International Journal of Obesity (London)*. 2014;38(12):1532-1537.

170. Lind PM, Roos V, Ronn M, et al. Serum concentrations of phthalate metabolites are related to abdominal fat distribution two years later in elderly women. *Environmental Health*. 2012;11(1):21.

171. Hill A.

172. Stahlhut RW, van Wijngaarden E, Dye TD, et al. Concentrations of urinary phthalate metabolites are associated with increased waist circumference and insulin resistance in adult U.S. males. *Environmental Health Perspectives*. 2007;115(6):876-882.

173. Trasande L, Attina TM, Sathyanarayana S, et al. Race/ethnicity-specific associations of urinary phthalates with childhood body mass in a nationally representative sample. *Environmental Health Perspectives*. 2013;121(4):501-506.

174. Trasande L, Spanier AJ, Sathyanarayana S, et al. Urinary phthalates and increased insulin resistance in adolescents. *Pediatrics*. 2013;132(3):e646-655.

175. Trasande L, Sathyanarayana S, Spanier AJ, et al. Urinary phthalates are associated with higher blood pressure in childhood. *Journal of Pediatrics*. 2013;163(3):747-753.e741.

176. Attina TM, Trasande L. Association of exposure to di-2-ethylhexylphthalate replacements with increased insulin resistance in adolescents from NHANES 2009-2012. *Journal of Clinical Endocrinology and Metabolism*. 2015;100(7):2640-2650.

177. Trasande L, Attina TM. Association of exposure to di-2-ethylhexylphthalate replacements with increased blood pressure in children and adolescents. *Hypertension*. 2015;66(2):301-308.

178. GBD Risk Factors Collaborators, Forouzanfar MH, Alexander L, et al. Global, regional, and national comparative risk assessment of 79 behavioural, environmental and occupational,

156. Posnack NG, Lee NH, Brown R, et al. Gene expression profiling of DEHP-treated cardiomyocytes reveals potential causes of phthalate arrhythmogenicity. *Toxicology*. 2011;279(1-3):54-64.

157. Meeker JD, Ferguson KK. Urinary phthalate metabolites are associated with decreased serum testosterone in men, women, and children from NHANES 2011-2012. *Journal of Clinical Endocrinology & Metabolism*. 2014;99(11):4346-4352.

158. Pan G, Hanaoka T, Yoshimura M, et al. Decreased serum free testosterone in workers exposed to high levels of di-n-butyl phthalate (DBP) and di-2-ethylhexyl phthalate (DEHP): A cross-sectional study in China. *Environmental Health Perspectives*. 2006;114(11):1643-1648.

159. Holmboe SA, Skakkebæk NE, Juul A, et al. Individual testosterone decline and future mortality risk in men. *European Journal of Endocrinology*. 2018;178(1):123-130.

160. Kelly DM, Jones TH. Testosterone: A vascular hormone in health and disease. *Journal of Endocrinology*. 2013;217(3):R47-71.

161. Oskui PM, French WJ, Herring MJ, et al. Testosterone and the cardiovascular system: A comprehensive review of the clinical literature. *Journal of the American Heart Association*. 2013;2(6):e000272.

162. Morgentaler A, Traish A, Kacker R. Deaths and cardiovascular events in men receiving testosterone. *JAMA*. 2018;311(9):961-962.

163. Miner M, Morgentaler A, Khera M, et al. The state of testosterone therapy since the FDA's 2015 labeling changes: Indications and cardiovascular risk. *Clinical Endocrinology (Oxford)*. 2018.

164. Vigen R, O'Donnell CI, Baron AE, et al. Association of testosterone therapy with mortality, myocardial infarction, and stroke in men with low testosterone levels. *JAMA*. 2013;310(17):1829-1836.

165. Yeap BB. Testosterone and ill-health in aging men. *Nature Clinical Practice Endocrinology and Metabolism*. 2009;5(2):113-121.

166. Kelly DM, Jones TH.

167. Legler J, Fletcher T, Govarts E, et al. Obesity, diabetes, and associated costs of exposure to endocrine-disrupting chemicals in the European Union. *Journal of Clinical Endocrinology and Metabolism*. 2015;100(4):1278-1288. EDCを肥満促進物質や心血管リスクとして調べた専門家チームのリーダーは、ジュリエット・レグラーだ。彼女はすばらしくもエネルギッシュな研究者で、今はオランダのユトレヒト大学を拠点としており、実験室での仕事（つまり毒物学）を、ヒトを対象とした研究（つまり疫学）と結びつけられた数少ない人間のひとりだった。カタロニアの医師で科学者でもあるミケル・ポルタは、タフな討論に皮肉たっぷりのユーモアのセンスを持ち込んで、いつでも私たちを楽しませてくれた。トニー・フレッチャーは、ロンドン大学衛生熱帯

health disparities in physical activity and obesity. *Pediatrics*. 2006;117(2):417-424.

141. Liu G, Dhana K, Furtado JD, et al. Perfluoroalkyl substances and changes in body weight and resting metabolic rate in response to weight-loss diets: A prospective study. *PLoS Medicine*. 2018;15(2):e1002502.
142. Barker DJ, Osmond C. Infant mortality, childhood nutrition, and ischaemic heart disease in England and Wales. *Lancet*. 1986;1(8489):1077-1081.
143. Hales CN, Barker DJP. The thrifty phenotype hypothesis type 2 diabetes. *British Medical Bulletin*. 2001;60(1):5-20.
144. Vaag AA, Grunnet LG, Arora GP, Brøns C. The thrifty phenotype hypothesis revisited. *Diabetologia*. 2012;55(8):2085-2088.
145. Haugen AC, Schug TT, Collman G, et al. Evolution of DOHaD: The impact of environmental health sciences. *Journal of Developmental Origins of Health and Disease*. 2015;6(2):55-64.
146. Trasande L, Cronk C, Durkin M, et al. Environment, obesity and the National Children's Study. *Environmental Health Perspectives*. 2009;117(2):159-166.
147. Reardon S. NIH ends longitudinal children's study. *Nature*. December 12, 2014. doi:10.1038/nature.2014.16556.
148. Mayer-Davis EJ, Lawrence JM, Dabelea D, et al. Incidence trends of type 1 and type 2 diabetes among youths, 2002-2012. *New England Journal of Medicine*. 2017;376(15):1419-1429.
149. Ruiz D, Becerra M, Jagai JS, et al. Disparities in environmental exposures to endocrine-disrupting chemicals and diabetes risk in vulnerable populations. *Diabetes Care*. 2018;41(1):193-205.
150. Janesick A, Blumberg B. Obesogens, stem cells and the developmental programming of obesity. *International Journal of Andrology*. 2012;35(3):437-448.
151. Kirchner S, Kieu T, Chow C, et al. Prenatal exposure to the environmental obesogen tributyltin predisposes multipotent stem cells to become adipocytes. *Molecular Endocrinology*. 2010;24(3):526-539.
152. Sathyanarayana S. Phthalates and children's health. *Current Problems in Pediatric and Adolescent Health Care*. 2008;38(2):34-49.
153. Serrano SE, Braun J, Trasande L, et al. Phthalates and diet: A review of the food monitoring and epidemiology data. *Environmental Health*. 2014;13(1):43.
154. Ferguson KK, Loch-Caruso R, Meeker JD. Urinary phthalate metabolites in relation to biomarkers of inflammation and oxidative stress from NHANES 1999-2006. *Environmental Research*. 2011;111(5):718-726.
155. Ceriello A, Motz E. Is oxidative stress the pathogenic mechanism underlying insulin resistance, diabetes, and cardiovascular disease? The common soil hypothesis revisited. *Arteriosclerosis, Thrombosis, and Vascular Biology*. 2004;24(5):816-823.

in young Mexican-American children: The CHAMACOS study. *Environmental Health Perspectives*. 2010;118(12):1768-1774.

129. McDonald MP, Wong R, Goldstein G, et al. Hyperactivity and learning deficits in transgenic mice bearing a human mutant thyroid hormone beta1 receptor gene. *Learning & Memory*. 1998;5(4):289-301.

130. Akaike M, Kato N, Ohno H, et al. Hyperactivity and spatial maze learning impairment of adult rats with temporary neonatal hypothyroidism. *Neurotoxicology and Teratology*. 1991;13(3):317-322.

131. Kiguchi M, Fujita S, Oki H, et al. Behavioural characterisation of rats exposed neonatally to bisphenol-A: Responses to a novel environment and to methylphenidate challenge in a putative model of attention-deficit hyperactivity disorder. *Journal of Neural Transmission (Vienna)* 2008;115(7):1079-1085.

132. Sazonova NA, DasBanerjee T, Middleton FA, et al. Transcriptome-wide gene expression in a rat model of attention deficit hyperactivity disorder symptoms: Rats developmentally exposed to polychlorinated biphenyls. *American Journal of Medical Genetics Part B, Neuropsychiatric Genetics*. 2011;156b(8):898-912.

133. Miodovnik A, Engel SM, Zhu C, et al. Endocrine disruptors and childhood social impairment. *Neurotoxicology*. 2011;32(2):261-267.

134. Braun JM, Kalkbrenner AE, Just AC, et al. Gestational exposure to endocrine-disrupting chemicals and reciprocal social, repetitive, and stereotypic behaviors in 4-and 5-year-old children: The HOME study. *Environmental Health Perspectives*. 2014;122(5):513-520.

4 代謝の攪乱――肥満と糖尿病

135. Hales CM, Fryar CD, Carroll MD, et al. Trends in obesity and severe obesity prevalence in US youth and adults by sex and age, 2007-2008 to 2015-2016. *JAMA*. 2018;319(16):1723-1725.

136. Cawley J, Meyerhoefer C. The medical care costs of obesity: An instrumental variables approach. *Journal of Health Economics*. 2012;31(1):219-230.

137. Brown RE, Sharma AM, Ardern CI, et al. Secular differences in the association between caloric intake, macronutrient intake, and physical activity with obesity. *Obesity Research & Clinical Practice*. 2016;10(3):243-255.

138. Lustig RH. Fructose: It's "alcohol without the buzz." *Advances in Nutrition*. 2013;4(2):226-235.

139. Redline S, Tishler PV, Schluchter M, et al. Risk factors for sleepdisordered breathing in children. Associations with obesity, race, and respiratory problems. *American Journal of Respiratory and Critical Care Medicine*. 1999;159(5 Pt 1):1527-1532.

140. Gordon-Larsen P, Nelson MC, Page P, et al. Inequality in the built environment underlies key

right to food. 2017; http://www.ohchr.org/EN/Issues/Food/Pages/FoodIndex.aspx（アクセス日：2017年6月29日）。

111. Trasande L. When enough data are not enough to enact policy: The failure to ban chlorpyrifos.

112. Lu C, Toepel K, Irish R, et al. Organic diets significantly lower children's dietary exposure to organophosphorus pesticides. *Environmental Health Perspectives*. 2006;114(2):260-263.

113. Bradman A, Quiros-Alcala L, Castorina R, et al. Effect of organic diet intervention on pesticide exposures in young children living in low-income urban and agricultural communities. *Environmental Health Perspectives*. 2015;123(10):1086-1093.

114. Bellanger M, Demeneix B, Grandjean P, et al.

115. Herbstman JB, Sjödin A, Kurzon M, et al. Prenatal exposure to PBDEs and neurodevelopment. *Environmental Health Perspectives*. 2010;118(5):712-719.

116. Eskenazi B, Chevrier J, Rauch SA, et al. In utero and childhood polybrominated diphenyl ether（PBDE）exposures and neurodevelopment in the CHAMACOS study. *Environmental Health Perspectives*. 2013;121(2):257-262.

117. Chen A, Yolton K, Rauch SA, et al. Prenatal polybrominated diphenyl ether exposures and neurodevelopment in U.S. children through 5 years of age: The HOME study. *Environmental Health Perspectives*. 2014;122(8):856-862.

118. Gascon M, Vrijheid M, Martinez D, et al. Effects of pre and postnatal exposure to low levels of polybromodiphenyl ethers on neurodevelopment and thyroid hormone levels at 4 years of age. *Environment International*. 2011;37(3):605-611.

119. Gascon M, Vrijheid M, Martinez D, et al.

120. Attina TM, Hauser R, Sathyanarayana S, et al.

121. @kqed. It's official: Toxic flame retardants no longer required in furniture.

122. Gomis MI, Vestergren R, Borg D, et al. Comparing the toxic potency in vivo of long-chain perfluoroalkyl acids and fluorinated alternatives. *Environment International*. 2018;113:1-9.

123. Beekman M, Zweers P, Muller A, et al. Evaluation of substances used in the GenX technology by Chemours, Dordrecht — RIVM. 2016; https://www.rivm.nl/publicaties/evaluation-of-substances-used-in-genx-technology-by-chemours-dordrecht.

124. Lerner S. New Teflon toxin found in North Carolina drinking water. 2018; https://theintercept.com/2017/06/17/new-teflontoxin-found-in-north-carolina-drinking-water/.

125. Kim S, Jung J, Lee I, et al. Thyroid disruption by triphenyl phosphate, an organophosphate flame retardant, in zebrafish（Danio rerio）embryos/larvae, and in GH3 and FRTL-5 cell lines. *Aquatic Toxicology*. 2015;160:188-196.

126. Chen A, Yolton K, Rauch SA, et al.

127. Gascon M, Vrijheid M, Martinez D, et al.

128. Marks AR, Harley K, Bradman A, et al. Organophosphate pesticide exposure and attention

95. Hill A.
96. Summary of the Federal Insecticide, Fungicide, and Rodenticide Act. [Overviews and Factsheets]. 2018; https://www.epa.gov/laws-regulations/summary-federal-insecticide-fungicide-and-rodenticide-act.
97. Čolović MB, Krstić DZ, Lazarević-Pašti TD, Bondžić AM, Vasić VM. Acetylcholinesterase inhibitors: pharmacology and toxicology. *Current Neuropharmacology*. 2013;11(3):315-335.
98. De Angelis S, Tassinari R, Maranghi F, et al. Developmental exposure to chlorpyrifos induces alterations in thyroid and thyroid hormone levels without other toxicity signs in CD-1 mice. *Toxicological Sciences*. 2009;108(2):311-319.
99. Levin ED, Addy N, Baruah A, et al. Prenatal chlorpyrifos exposure in rats causes persistent behavioral alterations. *Neurotoxicology and Teratology*. 2002;24(6):733-741.
100. Berbel P, Auso E, Garcia-Velasco JV, et al. Role of thyroid hormones in the maturation and organisation of rat barrel cortex. *Neuroscience*. 2001;107(3):383-394.
101. このプロジェクトは、動物で化学物質が甲状腺ホルモンと脳の発達に及ぼす影響を明らかにするうえで重要な役割を果たした、ふたりの一流の科学者によるサポートがなければ不可能だっただろう。トム・ゼラーは、アマーストにあるマサチューセッツ大学の生物学教授で、2012年に世界の公衆衛生マップに内分泌撹乱のデータを載せる世界保健機関と国連環境計画の報告書を記したグループでリーダーを務めていた。バルバラ・デメネイクスは、フランス自然史博物館（パリにあってアメリカ自然史博物館に相当する）に勤める英国の生物学者・内分泌学者である。さらにこのプロジェクトには、フランスの経済学者マルティン・ベランジェと、ハーヴァード大学T・H・チャン公衆衛生大学院と南デンマーク大学に籍を置くデンマークの疫学者フィリップ・グランジャンも加わった。
102. Bellanger M, Demeneix B, Grandjean P, et al.
103. Rauh VA, Perera FP, Horton MK, et al.
104. Bellanger M, Demeneix B, Grandjean P, et al.
105. Grosse SD, Matte TD, Schwartz J, et al.
106. Revkin AC. E.P.A., citing risks to children, signs accord to limit insecticide. *New York Times*. June 9, 2000.
107. US EPA. Food Quality Protection Act（FQPA）of 1996. 1996; http://www.epa.gov/pesticides/regulating/laws/fqpa/ で見られる（アクセス日：2009年2月2日）。
108. US EPA. EPA administrator Pruitt denies petition to ban widely used pesticide. [Speeches, Testimony and Transcripts]. 2017; https://archive.epa.gov/epa/newsreleases/epa-administrator-pruitt-denies-petition-ban-widely-used-pesticide.html
109. Seufert V, Ramankutty N, Foley JA. Comparing the yields of organic and conventional agriculture. *Nature*. 2012;485:229-232.
110. United Nations Human Rights Office of the High Commissioner. Special rapporteur on the

Metabolism, 2015;100(4):145-1255.

3 脳と神経系への攻撃

79. Nelson KB, Ellenberg JH. Predictors of epilepsy in children who have had febrile seizures. *New England Journal of Medicine*. 1976; 295:1029-1033.
80. @CDCgov. Prevalence of autism spectrum disorder among children aged 8 years — autism and developmental disabilities monitoring network, 11 sites, United States, 2014.
81. Visser SN, Danielson ML, Bitsko RH, et al.
82. Demeneix B. *Losing our minds: Chemical pollution and the mental health of future generations*. Oxford, UK: Oxford University Press, 2014.
83. Hinton CF, Harris KB, Borgfeld L, et al. Trends in incidence rates of congenital hypothyroidism related to select demographic factors: Data from the United States, California, Massachusetts, New York, and Texas. *Pediatrics*. 2010;125 Suppl 2:S37-47.
84. Bernal J. In memoriam: Gabriella Morreale de Escobar. *European Thyroid Journal*. 2018;7(2):109-110.
85. Haddow JE, Palomaki GE, Allan WC, et al. Maternal thyroid deficiency during pregnancy and subsequent neuropsychological development of the child. *New England Journal of Medicine*. 1999;341(8):549-555.
86. Peeters RP. Subclinical hypothyroidism. *New England Journal of Medicine*. 2017;376(26):2556-2565.
87. Korevaar TIM, Medici M, Visser TJ, et al. Thyroid disease in pregnancy: New insights in diagnosis and clinical management. *Nature Reviews Endocrinology*. 2017;13(10):610.
88. Bellanger M, Demeneix B, Grandjean P, et al.
89. Casey BM, Thom EA, Peaceman AM, et al. Treatment of subclinical hypothyroidism or hypothyroxinemia in pregnancy. *New England Journal of Medicine*. 2017;376:815-825.
90. United Nations Environment Programme（Stockholm Convention Secretariat）. Stockholm Convention on Persistent Organic Pollutants. http://chm.pops.int/default.aspx で見られる（アクセス日：2010年12月8日）。
91. Jacobson JL, Jacobson SW. Intellectual impairment in children exposed to polychlorinated biphenyls in utero. *New England Journal of Medicine*. 1996;335(11):783.
92. Naveau E, Pinson A, Gerard A, et al. Alteration of rat fetal cerebral cortex development after prenatal exposure to polychlorinated biphenyls. *PLoS One*. 2014;9(3):e91903.
93. Gauger KJ, Kato Y, Haraguchi K, et al. Polychlorinated biphenyls（PCBs）exert thyroid hormone-like effects in the fetal rat brain but do not bind to thyroid hormone receptors. *Environmental Health Perspectives*. 2004;112(5):516-523.
94. Zoeller RT, Dowling ALS, Herzig CTA, et al. Thyroid hormone, brain development, and the environment. *Environmental Health Perspectives*. 2002;110(s3):355-361.

群にBPAを投与する一方、別の一群にプロピルチオウラシルという、甲状腺ホルモンに作用し、脳への影響も知られている薬剤を投与した。そのFDAの研究では、「陽性対照」の一部が陰性の結果を示し、BPA曝露を受けた齧歯類も陰性の結果を示した。この結果は、BPAの影響がないものと誤解されていたが、陽性対照における陰性の結果について完全に合理的かつ確実な解釈をすると、何の解釈もできないという結論になる。何が起きたのかはわからないというわけだ。

68. Teeguarden JG, Twaddle NC, Churchwell MI, et al. 24-hour human urine and serum profiles of bisphenol A: Evidence against sublingual absorption following ingestion in soup. *Toxicology and Applied Pharmacology*. 2015;288(2):131-142.

69. Abbasi J. Scientists call FDA statement on bisphenol A safety premature. *JAMA* 2018; https://jamanetwork.com/journals/jama/articlepdf/2675909/jama_Abbasi_2018_mn_180018.pdf.

70. *Planet in Peril*. Aired April 23, 2008. CNN.com — Transcripts. http://transcripts.cnn.com/TRANSCRIPTS/0804/23/acd.02.html.

71. Hauser R, Skakkebæk NE, Hass U, et al. Male reproductive disorders, diseases, and costs of exposure to endocrine-disrupting chemicals in the European Union. *Journal of Clinical Endocrinology and Metabolism*. 2015;100(4):1267-1277.

72. 世界保健機関は、人間を対象とした大気汚染の調査を評価し、文字どおり証拠をランク付けする手法を考案した（GRADEワーキング・グループについての詳細は原注71〜76を参照）。デンマーク環境保護庁と米国国家毒性プログラムなどの組織は、個々の調査研究の質を評価する同様の活動の先頭に立ち、化学物質を人間の健康に対する潜在的影響と結びつける科学研究の相対的効力について、ある程度結論を出している。

73. Trasande L, Zoeller RT, Hass U, et al. Burden of disease and costs of exposure to endocrine disrupting chemicals in the European Union: an updated analysis. *Andrology*. 2016.

74. Bellanger M, Demeneix B, Grandjean P, et al. Neurobehavioral deficits, diseases and associated costs of exposure to endocrine disrupting chemicals in the European Union. *Journal of Clinical Endocrinology and Metabolism*. 2015:100(4):1256-66.

75. Hauser R, Skakkebæk NE, Hass U, et al. Male reproductive disorders, diseases, and costs of exposure to endocrine-disrupting chemicals in the European Union.

76. Hunt PA, Sathyanarayana S, Fowler PA, Trasande L. Female reproductive disorders, diseases, and costs of exposure to endocrine disrupting chemicals in the European Union. *Journal of Clinical Endocrinology and Metabolism*. 2016;101(4):1562-1570.

77. Legler J, Fletcher T, Govarts E, et al. Obesity, diabetes, and associated costs of exposure to endocrine-disrupting chemicals in the European Union. *Journal of Clinical Endocrinology and Metabolism*. 2015:100(4):1278-88.

78. Trasande L, Zoeller RT, Hass U, et al. Estimating burden and disease costs of exposure to endocrine disruptor chemicals in the European Union. *Journal of Clinical Endocrinology and*

54. Vandenberg L, Colborn T, Hayes T, et al. Hormones and endocrine-disrupting chemicals: Low-dose effects and nonmonotonic dose responses. *Endocrinology Review*. 2012;33(3):378-455.

55. Birnbaum LS. Environmental chemicals: Evaluating low-dose effects. *Environmental Health Perspectives*. 2012;120(4):A143-144.

56. Trasande L, Vandenberg LN, Bourguignon JP, et al. Peerreviewed and unbiased research, rather than 'sound science', should be used to evaluate endocrine-disrupting chemicals. *Journal of Epidemiology and Community Health*. 2016;70(11):1051-1056.

57. Trasande L, Attina TM, Blustein J. Association between urinary bisphenol A concentration and obesity prevalence in children and adolescents. *JAMA*. 2012;308(11):1113-1121.

58. Fagin D. Toxicology: The learning curve. *Nature*. 2012;490(7421):462-465.

59. vom Saal FS, Timms BG, Montano MM, Palanza P, Thayer KA, et al. Prostate enlargement in mice due to fetal exposure to low doses of estradiol or diethylstilbestrol and opposite effects at high doses. *Proceedings of the National Academy of Sciences of the Unites States of America*. 1997 Mar 4;94(5):2056-61.

60. Vandenberg L, Colborn T, Hayes T, et al.

61. Villar-Pazos S, Martinez-Pinna J, Castellano-Munoz M, et al. Molecular mechanisms involved in the non-monotonic effect of bisphenol-a on ca2+ entry in mouse pancreatic beta-cells. *Scientific Reports*. 2017;7(1):11770.

62. Tavernise S. FDA makes it official: BPA can't be used in baby bottles and cups. *New York Times. July 17, 2012;* www.nytimes.com/2012/07/18/science/fda-bans-bpa-from-baby-bottles-and-sippycupshtml（アクセス日：2012年7月18日）。

63. FDA's BPA ban: A small, late step in the right direction. U.S. PIRG. 2018; https://uspirg.org/blogs/blog/usp/fda%E2%80%99s-bpaban-small-late-step-right-direction.

64. Safer States. Adopted Policy. http://www.saferstates.com/bill-tracker/ で見られる（アクセス日：2016年1月8日）。

65. Wheeler L. Boxer: Chemical bill came from industry. *The Hill*. March 17, 2015.

66. Trasande L. Updating the Toxic Substances Control Act to protect human health. *JAMA*. 2016;315(15):1565-1566.

67. FDAの研究では、一部の動物に、BPAで疑われているのと同じ変化を引き起こすことのわかっている化学物質の投与もおこなわれていた。このような「陽性対照（ポジティブコントロール）」研究は、結核の検査で陰性を確かめたい患者に対しておこなわれることのあるテストによく似ている。ときには免疫力が低下した患者に、おたふく風邪など、すでに免疫をもっているものの抗原を少量注入することがある。おたふく風邪については反応がある一方、結核検査に使う精製ツベルクリンに対しては反応がない場合、患者が結核に罹っていないとする誤診を防げるのだ。同じように、BPAが齧歯類の脳に及ぼす影響をテストするために、FDAの科学者はある一

(1):75-95.

42. ハーブストらによる研究をきっかけに、米国立環境保健科学研究所でジョン・マクラクランとリーサ・ニューボルドが率いる一連の研究がおこなわれるようになった。労働者たちに、マイレックスという殺虫剤の合成に使われていたキーポンという化学物質など、工業漏出物による同様の影響が及ぶ可能性もわかってきた。また環境中のエストロゲンにかんする定例科学会議は、発生生物学者や生化学者などの科学者をひとつに結びつけ、異なる化学構造をもちながらエストロゲンを活性化させる化学物質を次々と見つけ出していった。

43. Carlsen E, Giwercman A, Keiding N, Skakkebæk NE. Evidence for decreasing quality of semen during past 50 years. *BMJ*. 1992;305(6854):609-613.

44. Levine H, Jorgensen N, Martino-Andrade A, et al. Temporal trends in sperm count: a systematic review and meta-regression analysis. *Human Reproduction Update*. 2017;23(6):646-659.

45. Colborn T, Dumanoski D, Myers JP. *Our stolen future: Are we threatening our fertility, intelligence, and survival? A scientific detective story*. Boston, MA: Little, Brown; 1996. [『奪われし未来』(長尾力訳、翔泳社)]

46. Whyatt RM, Rauh V, Barr DB, et al. Prenatal insecticide exposures and birth weight and length among an urban minority cohort. *Environmental Health Perspectives*. 2004;112(10):1125-1132.

47. Rauh V, Arunajadai S, Horton M, et al. Seven-year neurodevelopmental scores and prenatal exposure to chlorpyrifos, a common agricultural pesticide. *Environmental Health Perspectives*. 2011;119:1196-1201.

48. Eskenazi B, Marks AR, Bradman A, et al. Organophosphate pesticide exposure and neurodevelopment in young Mexican-American children. *Environmental Health Perspectives*. 2007;115(5):792-798.

49. Engel SM, Wetmur J, Chen J, et al. Prenatal exposure to organophosphates, paraoxonase 1, and cognitive development in childhood. *Environmental Health Perspectives*. 2011;119(8):1182-1188.

50. Rauh VA, Perera FP, Horton MK, et al. Brain anomalies in children exposed prenatally to a common organophosphate pesticide. *Proceedings of the National Academy of Sciences of the United States of America*. 2012;109(20):7871-7876.

51. Rauh VA, Garcia WE, Whyatt RM, et al. Prenatal exposure to the organophosphate pesticide chlorpyrifos and childhood tremor. *Neurotoxicology*. 2015;51:80-86.

52. Hunt PA, Koehler KE, Susiarjo M, et al. Bisphenol A exposure causes meiotic aneuploidy in the female mouse. *Current Biology*. 2003;13(7):546-553.

53. de Vries A. Paracelsus. Sixteenth-century physician-scientistphilosopher. *New York State Journal of Medicine*. 1977;77(5):378-455.

ている。そして鉛の場合、ほかの多くの化学物質でもそうだといずれわかるが、人間でも実験室でも証拠はきわめて強力だ。

27. Grosse SD, Matte TD, Schwartz J, Jackson RJ. Economic gains resulting from the reduction in children's exposure to lead in the United States. *Environmental Health Perspectives*. 2002;110(6):563-569.
28. Tsai PL, Hatfield TH. Global benefits of phasing out leaded fuel. *Journal of Environmental Health*. 2011;74(5):8-15.
29. Attina TM, Trasande L. Economic costs of childhood lead exposure in low-and middle-income countries. *Environmental Health Perspectives*. 2013;121(9):1097-1102.

2 有害な化学物質の影響を追って

30. Appel A. Delaney clause heads for the history books. *Nature*. 1995;376(6536):109.
31. Allen W. *The war on bugs*. White River Junction, VT: Chelsea Green Publishing, 2008.
32. Carson RL. *Silent Spring*. Boston: Houghton Mifflin Company, 1962.［『沈黙の春』（青樹簗一訳、新潮社）］
33. Herbst AL, Ulfelder H, Poskanzer DC. Adenocarcinoma of the vagina. Association of maternal stilbestrol therapy with tumor appearance in young women. *New England Journal of Medicine*. 1971;284(15):878-881.
34. Hoover RN, Hyer M, Pfeiffer RM, et al. Adverse health outcomes in women exposed in utero to diethylstilbestrol. *New England Journal of Medicine*. 2011;365(14):1304-1314.
35. Troisi R, Hyer M, Hatch EE, et al. Medical conditions among adult offspring prenatally exposed to diethylstilbestrol. *Epidemiology*. 2013;24(3):430-438.
36. Mahalingaiah S, Hart JE, Wise LA, Terry KL, Boynton-Jarrett R, Missmer SA. Prenatal diethylstilbestrol exposure and risk of uterine leiomyomata in the Nurses' Health Study II. *American Journal of Epidemiology*. 2014;179(2):186-191.
37. Hatch EE, Troisi R, Palmer JR, et al. Prenatal diethylstilbestrol exposure and risk of obesity in adult women. *Journal of Developmental Origins of Health and Disease*. 2015;6(3):201-207.
38. Palmer JR, Herbst AL, Noller KL, et al. Urogenital abnormalities in men exposed to diethylstilbestrol in utero: A cohort study. *Environmental Health*. 2009;8:37.
39. Troisi R, Titus L, Hatch EE, et al. A prospective cohort study of prenatal diethylstilbestrol exposure and cardiovascular disease risk. *Journal of Clinical Endocrinology and Metabolism*. 2018;103(1):206-212.
40. Kalfa N, Paris F, Soyer-Gobillard MO, et al. Prevalence of hypospadias in grandsons of women exposed to diethylstilbestrol during pregnancy: A multigenerational national cohort study. *Fertility and Sterility*. 2011;95(8):2574-2577.
41. Vandenberg LN, Maffini MV, Sonnenschein C, et al. Bisphenol-A and the great divide: A review of controversies in the field of endocrine disruption. *Endocrine Reviews*. 2009;30

16. Center for Food Safety and Applied Nutrition. Laws & Regulations — Prohibited & Restricted Ingredients. https://www.fda.gov/Cosmetics/GuidanceRegulation/LawsRegulations/ucm127406.htm.（アクセス日：2018年6月12日）。

17. State of California Department of Consumer Affairs. Technical bulletin 117-2013, Bureau of Electronic & Appliance Repair, Home Furnishings and Thermal Insulation. 2013; http://www .bearhfti.ca.gov/laws/tb117_2013.pdf.

18. European Commission. Restriction of hazardous substances in electrical and electronic equipment — environment — European Commission. 2018; http://ec.europa.eu/environment/waste/rohs_eee/legis_rohs1_en.htm.

19. Attina TM, Hauser R, Sathyanarayana S, et al. Exposure to endocrine- disrupting chemicals in the USA: A population-based disease burden and cost analysis. *Lancet Diabetes & Endocrinology*. 2016;4(12):996-1003.

20. Baldwin KR, Phillips AL, Horman B, et al. Sex specific placental accumulation and behavioral effects of developmental Firemaster 550 exposure in Wistar rats. *Scientific Reports*. 2017;7(1):7118.

21. Belcher SM, Cookman CJ, Patisaul HB, Stapleton HM. In vitro assessment of human nuclear hormone receptor activity and cytotoxicity of the flame retardant mixture FM 550 and its triarylphosphate and brominated components. *Toxicology Letters*. 2014;228(2):93-102.

22. Rock KD, Horman B, Phillips AL, et al. EDC IMPACT: Molecular effects of developmental FM 550 exposure in Wistar rat placenta and fetal forebrain. *Endocrine Connections*. 2018;7(2):305-324.

23. Trasande L. Updating the Toxic Substances Control Act to protect human health. *JAMA*. 2016;315(15):1565-1566.

24. Trasande L. When enough data are not enough to enact policy: The failure to ban chlorpyrifos. *PLoS Biology*. 2017;15(12):e2003671.

25. Hill A. The environment and disease: Association or causation? *Proceedings of the Royal Society of Medicine*. 1965;58(5):295-300.

26. フリン効果というものを聞いたことがあるかもしれない。IQが1930年代から全世界で一貫して上昇してきたという知見である。ジェームズ・フリンはニュージーランドの研究者で、TEDで講演もおこなっている。フリン効果のデータをもとに、化学物質は問題にならないのではないかと言う人もいるだろう。だが、よく調べると別の傾向が見つかる。1990年代から、ティーンエイジャーの言語性IQの上昇が止まっているのだ。彼らは、化学物質への曝露が増加した1970年代に生まれた子どもである。英国とデンマークとフランスでは、総合的なIQがなんと2〜4ポイント下がっていた！　E. Dutton, R. Lynn. *Intelligence* 51(2015)67-70参照。また、ここで見るかぎり、競合する多くの要因が同時に上下しているため、集団全体の傾向を読み解くのは難しい。だから、ひとりずつ個別に効果を測れるような集団ベースの研究に頼っ

chemicals: An Endocrine Society scientific statement. *Endocrine Reviews*. 2009;30(4):293-342.

9. Bergman Å, Heindel JJ, Jobling S, Kidd KA, Zoeller RT, eds. Global assessment of state-of-the-science for endocrine disruptors. 2012; http://www.who.int/ipcs/publications/new_issues/endocrine_disruptors/en/ で見られる（アクセス日：2014年10月6日）。

10. 本書で主眼を置いている調査は、偶然のきっかけで、2011年に私がジュネーヴで国連環境計画に助言をしていたときに始まった。休憩時間に私は、ジェリー・ハインデル博士に出会った。彼はこの分野を率いる高名な人物で、そのころ米国立環境保健科学研究所に勤め、野暮ったいアロハシャツを着ていることでも有名だった。ジェリーは、化学物質が公衆衛生に及ぼす脅威をテーマに、世界保健機関と国連環境計画への報告書を作成する科学者チームのリーダーの役割を果たしていた。彼に私は、そうした化学物質の疾病負荷とコストを評価するためにとりうる一般的な手段について、自分のチームと少し話してくれないかと頼まれた。そのころまでに、私はこの種の研究調査をしているという確かな評判を得ており、出生前の水銀曝露にかかわるコストや、大気汚染が子どもの肺に与える影響などを報告していた。とはいっても、内分泌攪乱物質の影響の調査は始めたばかりだったし、謙虚な気持ちで科学者のオールスターチームに自分の知見を提供した。私はなりたての准教授でありながら、世界じゅうから集まっていた立派な教授に囲まれた。彼らの名前はすでに論文などを読んで記憶に残っていた研究で知っていたものばかりで、なかには本書でこの先登場する名前もある。30分ほどあと、私は彼らに好感を与えられてうれしい気持ちになり、人体のホルモンを攪乱する化学物質による現実の脅威についてきちんと話し合う熱意が室内に満ちたことに感銘を受けながら、部屋を出た。そしてこの方向でさらに研究を進めようといっそう発奮した。

11. Di Renzo GC, Conry JA, Blake J, et al. International Federation of Gynecology and Obstetrics opinion on reproductive health impacts of exposure to toxic environmental chemicals. *International Journal of Gynecology and Obstetrics*. 2015 Dec;131(3):219-225.

12. Gore AC, Chappell VA, Fenton SE, et al. EDC-2: The Endocrine Society's second scientific statement on endocrine-disrupting chemicals. *Endocrine Reviews*. 2015:er20151010.

13. Trasande L, Shaffer RM, Sathyanarayana S; American Academy of Pediatrics Council on Environmental Health. Food Additives and Child Health. *Pediatrics*. 2018;142(2):e20181408.

14. Centers for Disease Control and Prevention. National report on human exposure to environmental chemicals, updated tables, March 2018; https://www.cdc.gov/exposurereport/.

15. Official Journal of the European Union. Regulation(EC)No 1223/2009 of the European Parliament and of the Council. http://eur-lex.europa.eu/legal-content/EN/TXT/PDF/?uri=CELEX:32009R1223&from=EN.

原注

はじめに――沈黙の春は終わらない

1. Trasande L, Zoeller RT, Hass U, et al. Estimating burden and disease costs of exposure to endocrine-disrupting chemicals in the European Union. *Journal of Clinical Endocrinology and Metaboism*. 2015:jc20144324.
2. Trasande L, Zoeller RT, Hass U, et al. Burden of disease and costs of exposure to endocrine disrupting chemicals in the European Union: an updated analysis. *Andrology*. 2016.

1　何が起きているのか？

3. Hinman AR, Orenstein WA, Schuchat A. Vaccine-preventable diseases, immunizations, and MMWR — 1961-2011. *Morbidity and Mortality Weekly Reports*. 2011;60(4):49-57.
4. @CDCgov. Prevalence of autism spectrum disorder among children aged 8 years — autism and developmental disabilities monitoring network, 11 sites, United States, 2014 | *Morbidity and Mortality Weekly Reports*. 2018.
5. Visser SN, Danielson ML, Bitsko RH, et al. Trends in the parent-report of health care provider-diagnosed and medicated attention-deficit/hyperactivity disorder: United States, 2003-2011. *Journal of the American Academy of Child & Adolescent Psychiatry*. 2014;53(1):34-46.e32.
6. National Academies of Sciences, Engineering, and Medicine. In Oria MP, Stallings VA, eds. *Finding a Path to Safety in Food Allergy: Assessment of the Global Burden, Causes, Prevention, Management, and Public Policy*. Washington, DC: National Academies Press, 2016.
7. 欧州化学物質庁、米国環境保護局、国際内分泌学会、世界保健機関では、EDCの定義がわずかに異なるが、本書で的を絞る共通の要素は、ホルモンの機能を攪乱し、病気や障害をもたらす合成化学物質の役割だ。自然に生まれている化合物も内分泌機能を攪乱するが、内分泌関連の疾患が合成化学物質の使用の増加とともに増えている点に注目する必要がある。以下に、EDCの定義についてもっと詳しく書かれているものを挙げておく。
   https://www.epa.gov/endocrine-disruption/what-endocrine-disruption;
   http://ec.europa.eu/environment/chemicals/endocrine/definitions/endodis_en.htm;
   http://www.who.int/ceh/risks/cehemerging2/en/;https://www.endocrine.org/topics/edc.
8. Diamanti-Kandarakis E, Bourguignon J-P, Giudice LC, et al. Endocrine-disrupting

ら行

わ行

ま行

や行

な行

は行

た行

さ行

か行

索引

数字・アルファベット

あ行

病《や》み、肥《こ》え、貧《ひん》す

有害化学物質《ゆうがいかがくぶっしつ》があなたの体《からだ》と未来《みらい》をむしばむ

2021年12月30日　初版1刷発行

著者 ―――― レオナルド・トラサンデ
監修者 ―――― 中山祥嗣《なかやましょうじ》
訳者 ―――― 斉藤隆央《さいとうたかお》
カバーデザイン ―――― 華本達哉（aozora）
発行者 ―――― 田邉浩司
組版 ―――― 新藤慶昌堂
印刷所 ―――― 新藤慶昌堂
製本所 ―――― ナショナル製本
発行所 ―――― 株式会社光文社
〒112-8011　東京都文京区音羽1-16-6
電話 ―――― 翻訳編集部 03-5395-8162
書籍販売部 03-5395-8116
業務部 03-5395-8125

落丁本・乱丁本は業務部へご連絡くだされば、お取り替えいたします。

ISBN978-4-334-96252-4 Printed in Japan